环保实践家 守护大家的地球

[日]索亚海 编　[日]川村若菜 绘　[日]福冈梓 文　傅梦翔 译

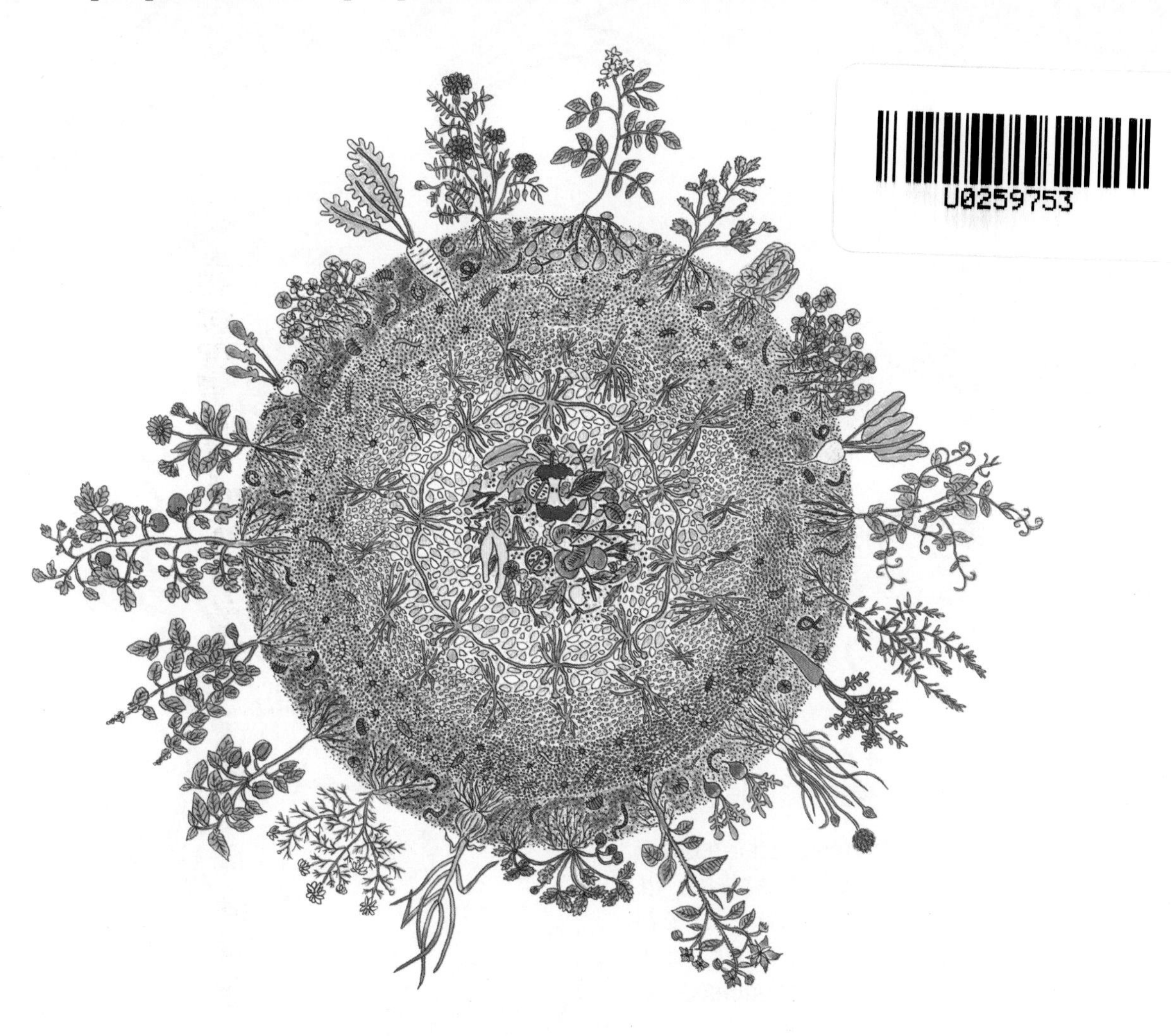

中国轻工业出版社

索亚冒险队长借由此书
想要告诉你的
5件事情

\ 索亚冒险队长是 /

精力充沛且快乐地生活在地球上的一名男孩子，正在进行名为“朴门永续设计”的冒险。他什么都要手工制作，欢迎周围的人加入其中，希望与自然和谐相处。魅力点是卷毛爆炸头。

致阅读本书的你

你好！

我想和大家一同展开这场愉快的冒险，为了召集同伴，
同友人一起制作了这本书。
我们其实拥有超越自身想象的力量，一切皆可由我们创造而出，
因为我们本就是地球的一分子。
但是，太多的人并没有发觉这件事。
希望这本书能够成为大家发现或回想起这件事的契机。
地球是人类的重要家园，
它给予我们生存所需，是无法被替代的星球。
所以我们应该永远守护地球，更加了解它。
只有地球运转，我们方可生息。

目录

环保实践家
守护大家的地球

“朴门永续设计”是什么？

朴门永续设计，是为了自己能在地球上愉快生活，用心经营身边点滴之事的生活模式。它是由整个世界的先祖、先祖中的农户以及动物植物们所成就之事汇聚而成的。

1 爱护地球

2 珍惜他人（当然还有自己）

3 与人分享

怎样才能做到这 3 件事呢？
请你与我一起进行“朴门永续设计”的冒险吧！

可食用

“我食故我在”

To Live is to Eat

让我讲讲在某个小岛上发生的“食物森林”的故事吧。
在那片森林的土地上，草莓和蜜瓜像绒毯般密布延展生长。
假如从缀满香蕉、桃子等果实的果树隧道中穿越出来，
还会看到大片果实累累的芒果树林。
从树上掉落的啪嗒声，是果实熟透的暗号。
尝一尝，味道好似香甜果酱。
在这片食物森林中，任何人在任何时候都能吃得肚子鼓鼓哒。

地球上存在的生灵，大家都特别喜欢“吃”这件事。
无论是小鸟、人类，还是生活在泥土中的虫子们都喜欢食物。
生灵们会自然而然地聚集在食物旁。
看到食物就欢欣雀跃，这可是“活着”的证明哟。
其实有很多很多的食用作物在我们身边。
你周围没有“食物森林”？

就由你创造出来吧。
即使不是大片的森林，
仅从一块菜园开始就足够了。
无论怎样的森林，
都是由小嫩芽开始孕育的呢。

打造一个菜园吧

Grow a Garden

如果感到腹中饥饿，
你会如何获取食物呢？
从超市购买吗？
请先试着想象一下，
一个自己培育的色彩缤纷、硕果累累的菜园。
花朵随风舞动，蜜蜂吮吸花蜜，
小鸟在菜园里追逐嬉戏。

这样的地方，
你也可以创造出来。
你可以在商店购买获得食物，
可以通过四处探索获得食物，
也可以通过自己培育获得食物。
机会难得，一切都自己培育吧！

菜园，
是一个可以培育你心愿之物的地方。
比如想要赠予母亲的美丽花朵，
能与父亲一同劳作的亲子空间，
可以呼朋唤友的秘密基地。
无论在家门前，
还是在阳台上，
让我们先从能够即刻行动之处开始吧！

菜园的 9 层级

向森林学习菜园设计

仔细观察一片森林，你会发现它是由9种不同特性的植物层级（Layer）构成的。有非常高大的树，有较矮小的树，有覆盖地面的草，有土地里的根菜作物，还有超级袖珍的菌群们等。生物利用自身物性以及擅长技能，健康生长并相互帮助。如果将9种层级的植物较好地搭配，就能像森林那样即便不借他人之手，也可自然而然培育出健康的植物。

你知道菌根菌（*Mycorrhizal*）和根瘤菌（*Rhizobium*）吗?

菌根菌是生长在绝大部分植物根部的菌类。根瘤菌是生长在豆类作物根部的菌类。

这两种菌类在植物生长发育过程中执行着重要的工作。虽然植物所需的元素磷和氮在土壤和空气中大量存在，但是单凭植物自身的能力是无法充分吸收它们的。菌根菌能够利用深深延展的菌丝（构成菌类的丝状物）从土壤中、颗粒状的根瘤菌可以从空气中，各自获得植物所需的营养。

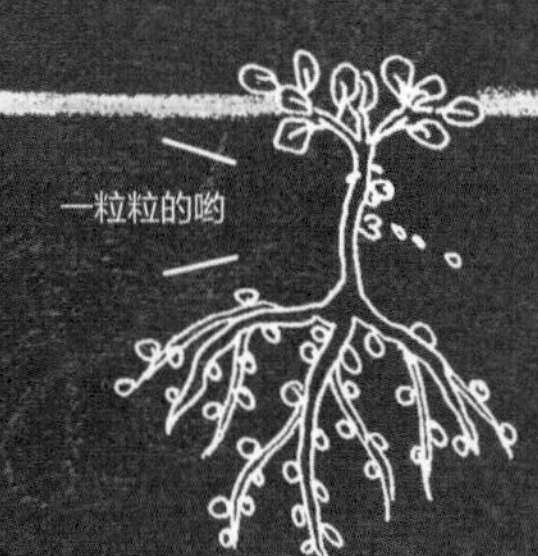

街巷探险！搜寻根瘤菌！

驻扎在植物根部的根瘤菌就潜藏在我们身边的植物中哟。四周的街巷里大概会有吧。

1. 高木类

沐浴充分阳光生长的高大树木（栗子、核桃等）。

2. 中木类

高3~6米的树木（苹果、柿子等）。

3. 低木类

3米以上的低矮灌木（蓝莓、迷迭香等）。

4. 草本类

无法成为树木的植物（西红柿、卷心菜等）。

5. 地被类

覆盖地面的植物（薄荷、南瓜等）。

6. 根菜类

具有可食用根部的植物（土豆、胡萝卜等）。

7. 藤类

缠绕某物生长的植物（葡萄、奇异果等）。

8. 水草类

在水中生息的植物（莲藕）。

9. 真菌类

在已腐坏的花草树木等植物的阴影下生长发育的生物（香菇、平菇等）。

公园里
哪些植物会
在一起生长呢？
找找看吧！
观察一下！
1
2
3
4
5
6
7
8
9

任务单

在家中打造一个菜园

只要用心设计，任何地方都能变成菜园！

必需品

能制作花盆的容器

美工刀

泥土

手（或者铲子）

植物种子和幼苗

试一试

1. 画设计图 … 试着画出你想要打造的菜园设计图，如在哪里种植？种植哪些植物？
2. 制作花盆 … 尝试用身边的物品制作出个性花盆吧。
3. 栽培植物 … 植物也有喜欢和讨厌的季节。有一起种植时可以成为好朋友的植物，也有互相打架的植物。所以什么时间、栽培什么样的植物才最好呢？
4. 观察变化 … 植物在一周之内能够长高多少？叶片是什么形状？不浇水的话会变成什么样？
5. 制作肥料 … 每天的厨余垃圾变身为使土地肥沃的材料。
6. 收获 … 瓜果蔬菜新鲜采摘！自己种的东西怎么会这么好吃呢！

阳台上的菜园

壁挂菜园
无论塑料瓶，还是牛奶盒，都能成为很棒的防水花盆！

植物帘幕
可以遮蔽直射光，保证屋内凉爽，所以天热时能派上大用场！

扶手菜园
如果在阳台的扶手挂上花盆，那植物就可以日光浴晒到饱啦！

制作果蔬干
蔬菜或水果经自然干燥，可变为蔬菜脆片和水果干，香甜且营养满分。

在悬空的花盆中
培植西红柿！

蘑菇栽培
培有菌类的原木置于阴凉处进行培育。

蚯蚓堆肥箱
蚯蚓能够将厨余垃圾和碎纸屑分解转化为菜园的肥料。堆肥箱可以自己制作。

可循环利用蔬菜
切剩的蔬菜和种子在水中培养出根须后，再移植到土里，能够生长发育并再次收获。

倒吊西红柿
不容易生虫子，即使没有宽阔的空间也可以培育。去掉底部的塑料瓶也能作为花盆！

身边的花盆

鸡蛋壳

不穿的胶底
运动鞋

爸爸破旧的
吉他

如果在街巷中也有一片菜园
就好啦。街巷中也有能打造
为园地的地方吗？

如果想在街巷中栽
培植物

请至P58~61
“尽情播种吧！”

任务单

寻找能成为好朋友的植物！

一同培植能发挥各自优势、抵御病虫害、健康生长的好朋友植物，学名为“伴生植物”。例如西红柿和罗勒是在比萨和意大利面中滋味绝佳的植物好朋友。你也尝试去发现一些植物好朋友吧！

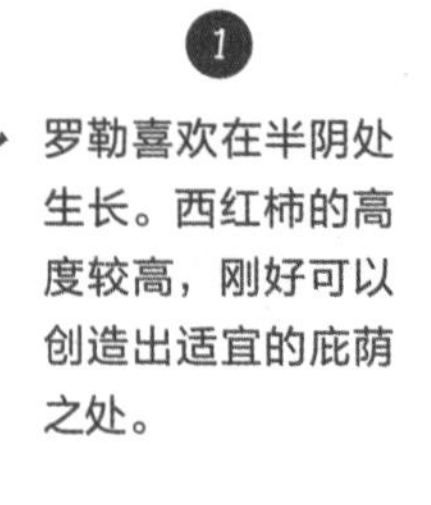

1. 罗勒喜欢在半阴处生长。西红柿的高度较高，刚好可以创造出适宜的庇荫之处。
2. 罗勒的吸水能力较强。西红柿的水分越少则越甜。
3. 罗勒的香气让虫子不易靠近西红柿。
4. 不用的书包或是没有破洞的袋子统统可以变身为花盆。

伴生植物

共同种植时能相互产生积极影响的植物培育搭配为“伴生植物”。它具有不易遭受病虫害、促进生长、增添风味的效果。因为不使用农药，而是依靠自然的力量，所以推荐在家庭菜园或是盆栽培育时使用伴生植物。你可以共同栽种科属相异的植物（灵活运用其各异的特性），栽种高矮不同的植物（不会互相抢夺阳光），或利用相异的生长周期（有效利用培植空间）等。种植伴生植物也是享受菜园乐趣的一种方式。

伴生植物图鉴

代表性的伴生植物。

把植物好朋友一起培育试试吧！

樱桃萝卜

品种：十字花科

擅长技：帮护菊科植物抗虫害。

性格：像别名“二十日大根”所称呼的那样生长迅速的活力之子。

（译者注：大根为日语中白萝卜之意。被称为二十日大根表示生长发育快速）

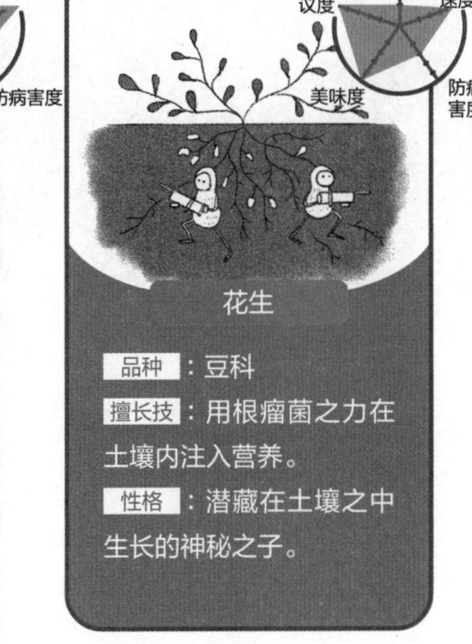

花生

品种：豆科

擅长技：用根瘤菌之力在土壤内注入营养。

性格：潜藏在土壤之中生长的神秘之子。

蒲公英

品种：菊科

擅长技：赶走线虫（使根部腐烂的虫子）。

性格：和任何植物都能和睦相处。

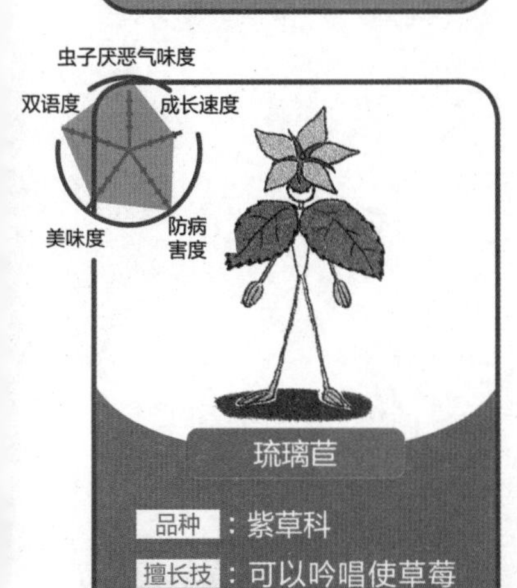

琉璃苣

品种：紫草科

擅长技：可以吟唱使草莓更加美味的咒语。

性格：帮助授粉。能和蜜蜂和马蜂和睦相处的帅哥。喜欢草莓。

生菜

品种：菊科

擅长技：帮护十字花科植物抵抗虫害。

性格：非常喜欢晒太阳的悠闲者。

草莓

品种：蔷薇科

擅长技：可爱的身姿和香甜的气息。

性格：需要被守护的公主殿下。

生命的变化

将厨余垃圾变为堆肥

为什么森林无人清扫，
却没有落叶遍地、动物尸骸遍野呢？
那是因为土壤中的微生物分解落叶及动物尸骸后，
将其转化为对森林非常重要的肥沃土壤。

寻找放线菌！

利用自然之力，
将厨余垃圾变为堆肥的过程就是“堆肥处理”。
蚯蚓和微生物伙伴们将生活中产生的厨余垃圾变为富含营养的肥料。
肥料被用于培育植物。
接下来，我们再次吃掉这些植物。
我们也是生命周而复始“轮回”的一部分啊。

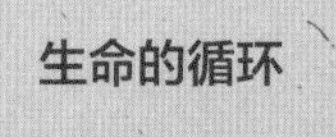

❶ 落下的树叶和果实、枯萎的花草在土地上积存。

❷ 虫子和动物的尸骸也覆盖在土地上。

❸ 土壤中的微生物和蚯蚓将它们吃掉、分解。

❹ 被分解的生物变为植物生长的营养，使它们变得生机勃勃。

❸ 放入堆肥箱（已放入含蚯蚓和微生物的土壤的箱子）。

❹ 在堆肥箱内发生分解反应。

❺ 厨余垃圾产生液肥和堆肥，成为使蔬菜健康生长发育的营养。

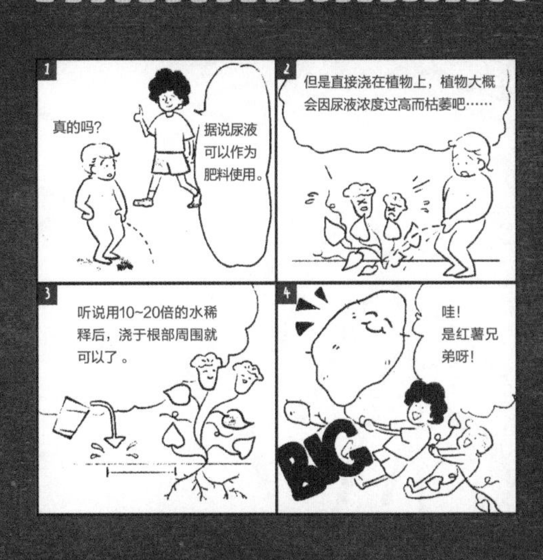

尿液能变成肥料的事是真的吗？

健康人的尿液中富含氮、钾和磷酸盐，是植物不可或缺的养分，所以具有肥料的效果。特别是柑橘类树木非常喜欢尿液。

大家欢聚在美味菜园

Gardening a Community

你创造的菜园中，
如果有其他人加入，
会不会变得更有乐趣呀？
亲朋好友、邻居们还有学校的老师，
如果能一起培育这方园地，
就能培育出更多的蔬菜。
园地的蔬菜收获时，
办一个比萨派对怎么样呢？

不够的食材，
可以由大家带来，
也可以像寻宝游戏一样四处搜集，
这一定很有意思吧。

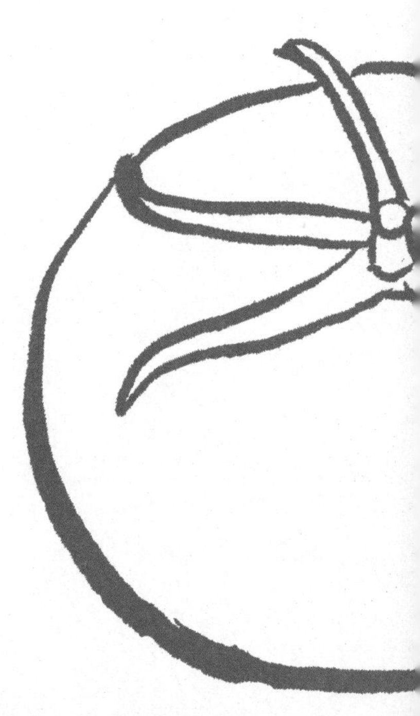

邻居家母鸡产下的鸡蛋，
蜜蜂采集的蜂蜜，
还有路边生长的杂草，
都可以是食材。

烤箱问题怎么解决呢?
没准能够从泥土开始，
从无到有做出来呢!
打听一下是否有人知道
烤箱的制作方法吧。
如果材料和工具都准备好了，
派对正式开始。

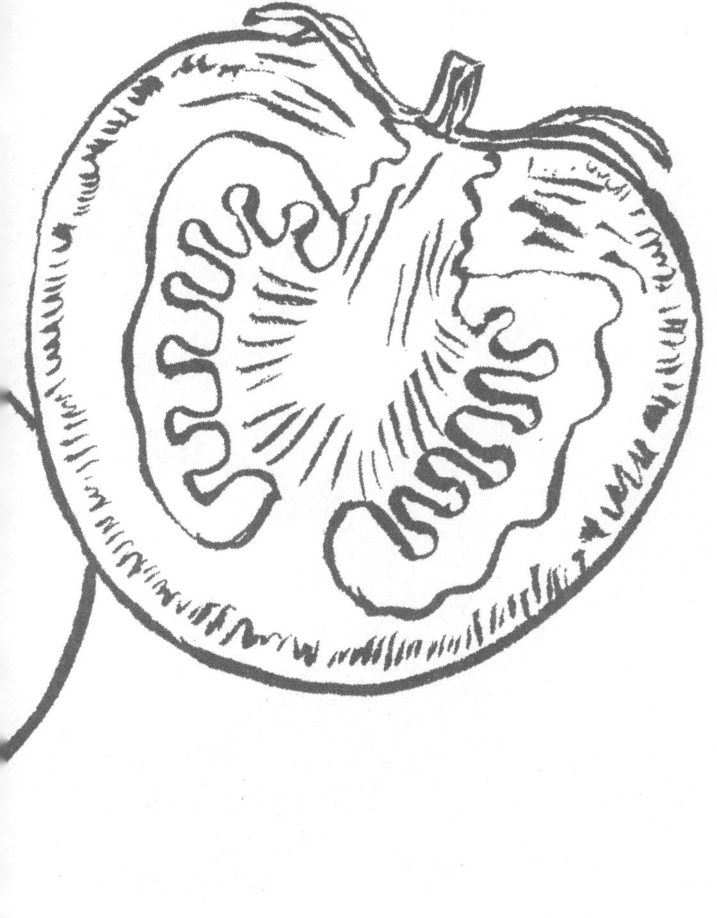

美食的香甜气息使人们围聚起来。
你创造的菜园，
不知何时已变成大家欢聚的美食
秘密基地。
大家一起分享，
美食的味道会更香哟。

欢迎来到森林与菜园的大教室

在学校后方有一片郁郁葱葱的广阔森林。在学校内有一方孕育着色彩缤纷的蔬果与花朵的菜园。东京都多摩市立爱和小学利用茂盛森林和可食用菜园作为教材，正在进行名为“认识生命”的教育。学生学习理科、语文、生活课等课程时，还要共同培育蔬果、品尝劳动果实、喂养鸡群和观察森林等。在森林与菜园的大教室中，每日都会有数不尽的新发现哟。

写真：鸟谷部有子

一年级 生活课

在二年级的指导和带领下，完成首次的菜园劳作！

Aiwa Garden

二年级 生活课

夏季蔬菜和红薯

从种植到收获，再到烹饪的体验活动。收获之后大家一起参加蔬菜派对！

堆肥

把田间杂草、剩菜叶和鸡蛋壳收集起来，使它们变成堆肥后再放回到菜园中。

六年级 社会 理科 家

土豆

光合作用的实验中培育5种土豆。实验结束后再动手自制5种薯条！

东京都多摩市立爱和小学的应用食用教育计划

应用食用教育（Edible Education）将森林和菜园的实践体验与普通的教学课程相结合，致力于培养少年儿童的主观能动性、团队协作性以及问题解决能力。

故事

菜园教会我们的事

在课上种下不同种类的白萝卜种子，长出的白萝卜有长的有短的，有粗的有细的，甚至还有红色的。白萝卜好像拥有了“个性”一样，在自然中没有两个是完全相同的。孩子们可以记下全部白萝卜的名字，并讨论自己喜欢的白萝卜品种以及各种白萝卜的区别。在这堂课上，孩子们可以从蔬菜身上了解“大家各不相同”这件事的有趣之处。

培育和食用的过程非常有趣，并且从中能够学到的东西特别多。所以，我希望每个人都喜欢可口的食物，成为美食家，对食物怀有探究心和好奇心。

然后，请大人们多多参与支持吧。
无论多么忙碌，也要认真对待食物。
希望越来越多的大人能够和孩子们一同思考孩子们的未来。
因为这也事关我们大人的未来。

最后，请大家和守护大地的农民成为朋友吧。他们告诉我们很多生命的秘密，我们的生活会变得多姿多彩哟。

堀口博子女士

一般社团法人、日本可食用校园（Edible School Yard Japan）代表、菜园教育研究者。在《食育菜园 可食用校园》（家之光协会出版社，2006年）、《简食艺术》（小学馆出版社，2012年）两书中负责翻译编辑等工作。

共同培育，共同分享

大家一起来决定想要栽培的蔬菜，并齐心培育。因为自己亲手栽培蔬菜，很多学生都能接受以前讨厌的蔬菜了呢。

花园插图：内山凉濑

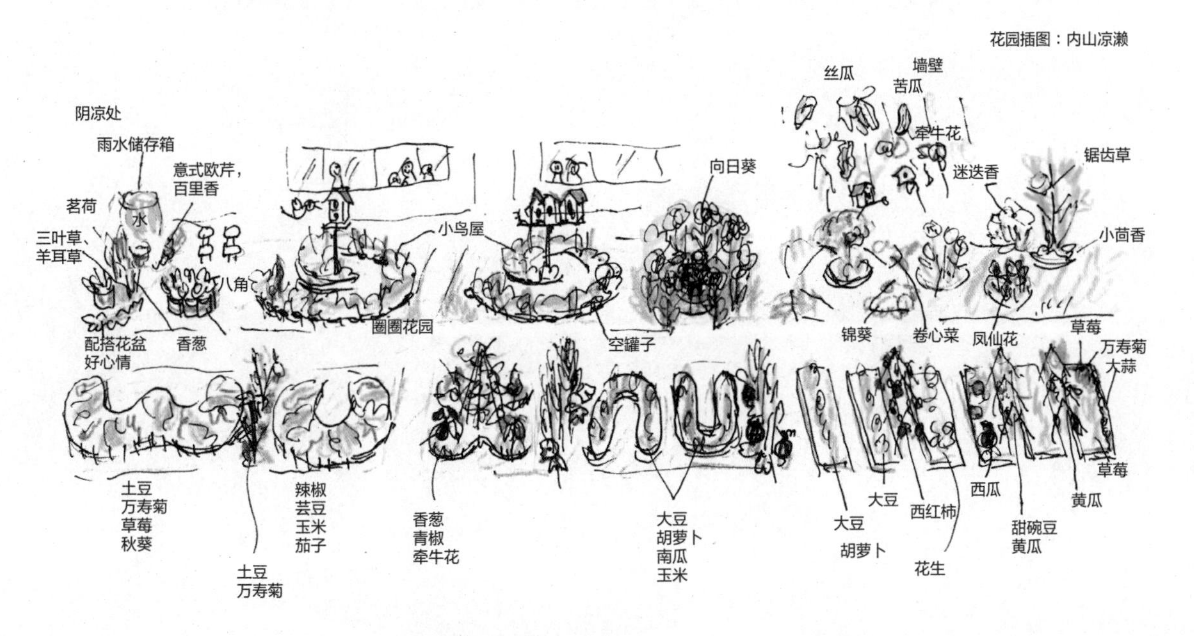

自己培育的小麦研磨后制作比萨，菜园收获的蔬菜作为点缀装饰。

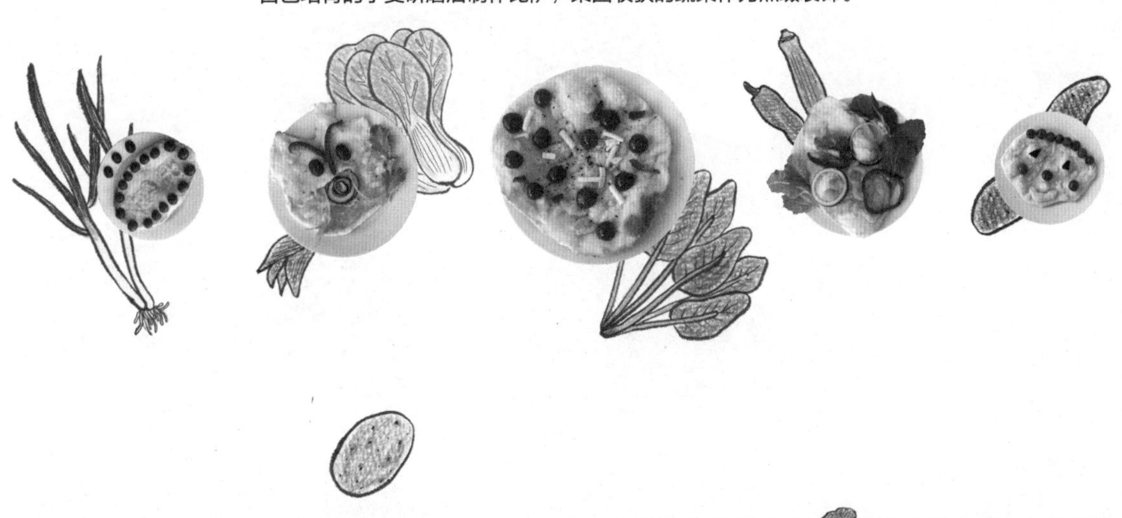

可食用的校园

美国加利福尼亚州的公立中学通过开垦“可食用的校园”，将必修课、培育菜园和烹饪等课程相结合，体验式学习“生命间的紧密联系”。

将这种教育模式在日本的学校推广的是“日本可食用校园”（Edible School Yard Japan）的堀口女士和她的同事们。在老师、监护人和当地的各界人士的共同配合下，耕耘着这片理念为“共同培育、共同分享”的新园地。

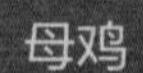

与人为伴的动物们

利用动物习性进行菜园建设

就像森林中有很多动物一样，田地间也生活着各种动物，让这片田地更加丰饶。它们不仅帮助我们培育蔬菜，还能够产出食物。比如蜜蜂和母鸡，它们有怎样的习性呢？

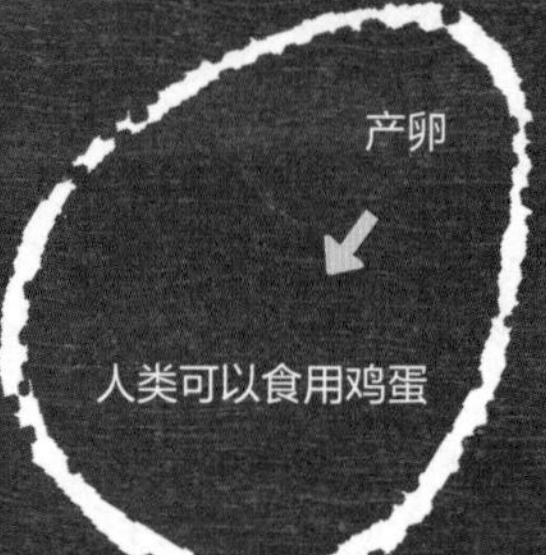

爪子抓着地面前进

利于松土

啄食虫子

减少虫害

粪便

变成菜园的肥料

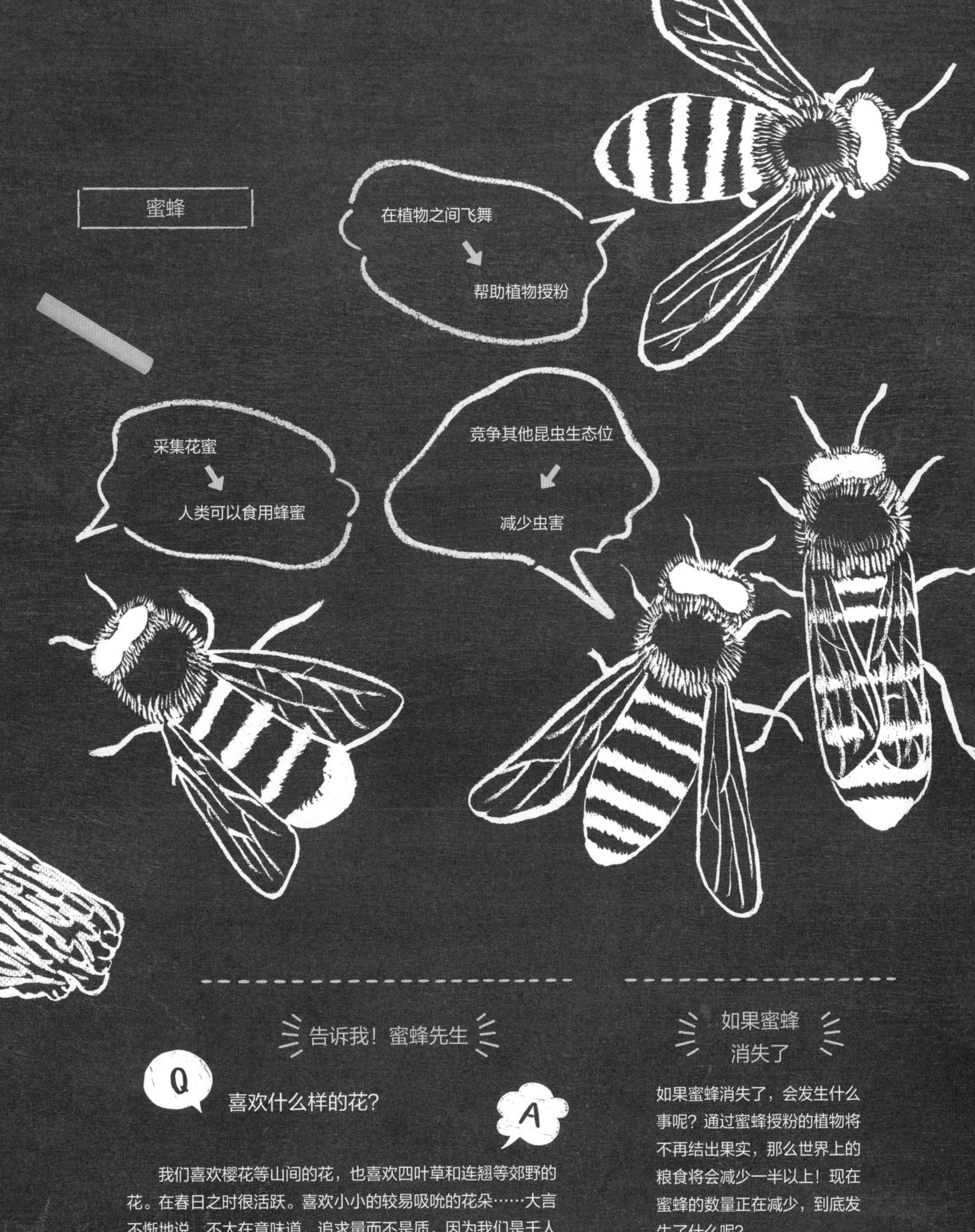

告诉我！蜜蜂先生

Q 喜欢什么样的花？

A

我们喜欢樱花等山间的花，也喜欢四叶草和连翘等郊野的花。在春日之时很活跃。喜欢小小的较易吸吮的花朵……大言不惭地说，不太在意味道，追求量而不是质，因为我们是千人大家族，更在意数量。当我们找到大片有香甜花蜜的地方，就会用8字舞蹈通知其他伙伴具体地点。

如果蜜蜂消失了

如果蜜蜂消失了，会发生什么事呢？通过蜜蜂授粉的植物将不再结出果实，那么世界上的粮食将会减少一半以上！现在蜜蜂的数量正在减少，到底发生了什么呢？

任务单

感恩万物

致面前的生命，以及将其制作成食物的所有人

日本人吃饭前会说“我开动了”（译者注：日文原意为我接收到了），这句话意思是将这些生命收归于自身时，为了感激生命的恩惠而进行的一种感恩行为。让我们全身心地感受“我开动了”这句话的深意吧。

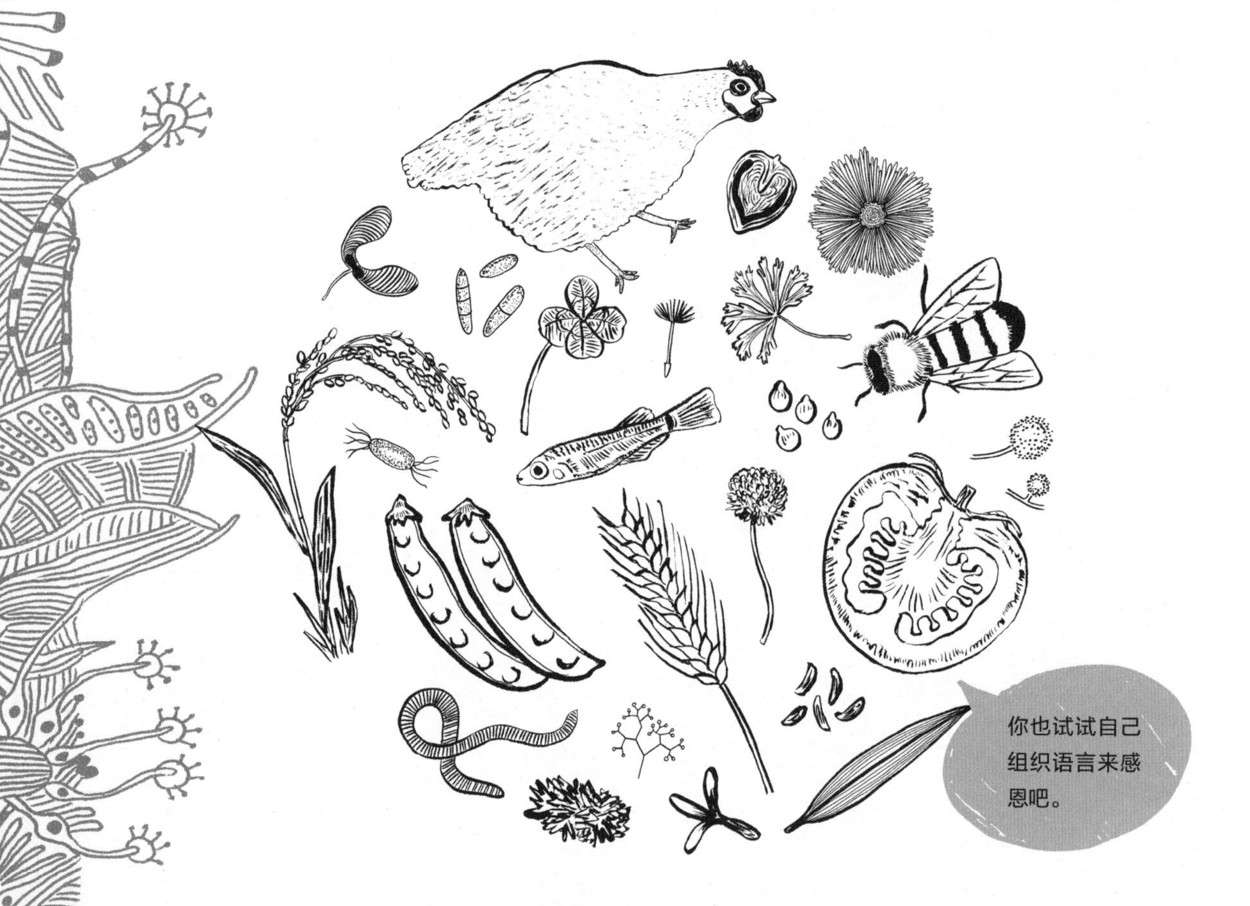

感谢孕育一切食物的自然。
感谢为我们劳作的农民们。
感谢这一道道美味的佳肴。
这些生灵通过我，可以再次绽放美妙光辉。
认真体味，欣享美食。

（本内容由辻香织提供）

野草食谱

野草茶

艾草、问荆等，经过日光曝晒后变干，可泡入茶壶中饮用。

探索不同野草的味道和香气。

小鸟的午餐

种子和水果都是小鸟的粮食。如果想知道哪个是它们的最爱，可以把等量食物分别放置，观察哪个先被吃光。

寻找地球的"自然力"

?

不同种类的蝴蝶的幼虫吃的植物是不同的。菜粉蝶的幼虫喜欢吃什么？

?

将种子和蚂蚁喜欢的食物粘在一起，从更远处被蚂蚁搬运回来的植物是什么呢？

去追踪蚂蚁，它们可能会在沿途掉落一些种子……

我们可以向他人询问，也可以自己查询图书。蝴蝶是怎样搜寻植物的呢？

我能创造什么？

造物
Craft

从消费者到制造者

From Consumer to Creator

现代社会中，无论什么都要贴上价格标签，
绝大部分物品都可以购买到。
这些可以买到的物品，一定是某人在某处制造出来的。
举例来说，你穿着的衣服是由某个人把布料进行剪裁和缝纫制成。
成衣才可以供我们穿着。你每天食用的饭菜也是一样的。

如果你有能力自己制作衣服和饭菜，
你的生活会发生怎样的变化呢?
只有通过自己才能获得。
自己制作的东西，
哪个商店里也找不到，
是你表达自己独特性格的一种方式！
朋友们，你们一定拥有很多优秀的才能。
让我们一起创造更多手工作品吧。

长此以往，
就像小鸟们为自己筑巢，
你也能够建造自己的家园。
那一天一定会到来。

消费的真正成本

True Cost of Consumption

你知道你此时穿着的衣服，是何人在何地制造出来的吗？
假如你的衣服不能再穿了，丢掉后会去向何处呢？
小鸟的巢如果不能再用了便会归于泥土，而这些会成为小鸟筑巢所需枝叶的养料。
自然界中，物质像这样不断循环地转换形态。

但是，我们却不了解日常生活中的物品从何处来、向何处去。
这样会增加令他人辛劳的工作和烦恼的垃圾。

不如我们亲手创造物品，将不需要的物品赠予他人，岂不是更加快乐。就像小鸟的巢那样，我们有能力创造出一个持续循环的世界。

一切由我们创造！

Do it ourselves!

所愿之物由自己创造。

假如自己可创造所愿的理想之物，

那么我们的社会会变成什么样呢？

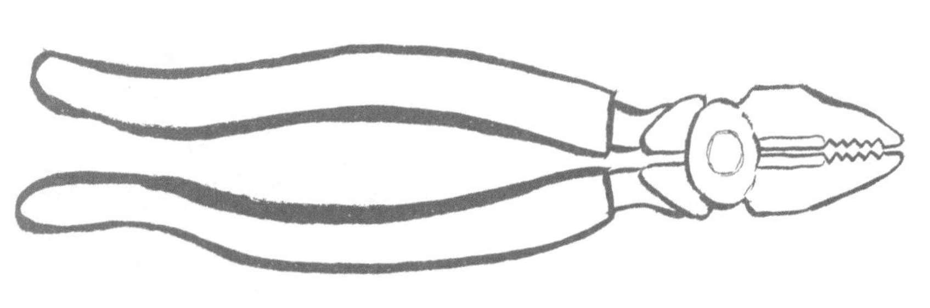

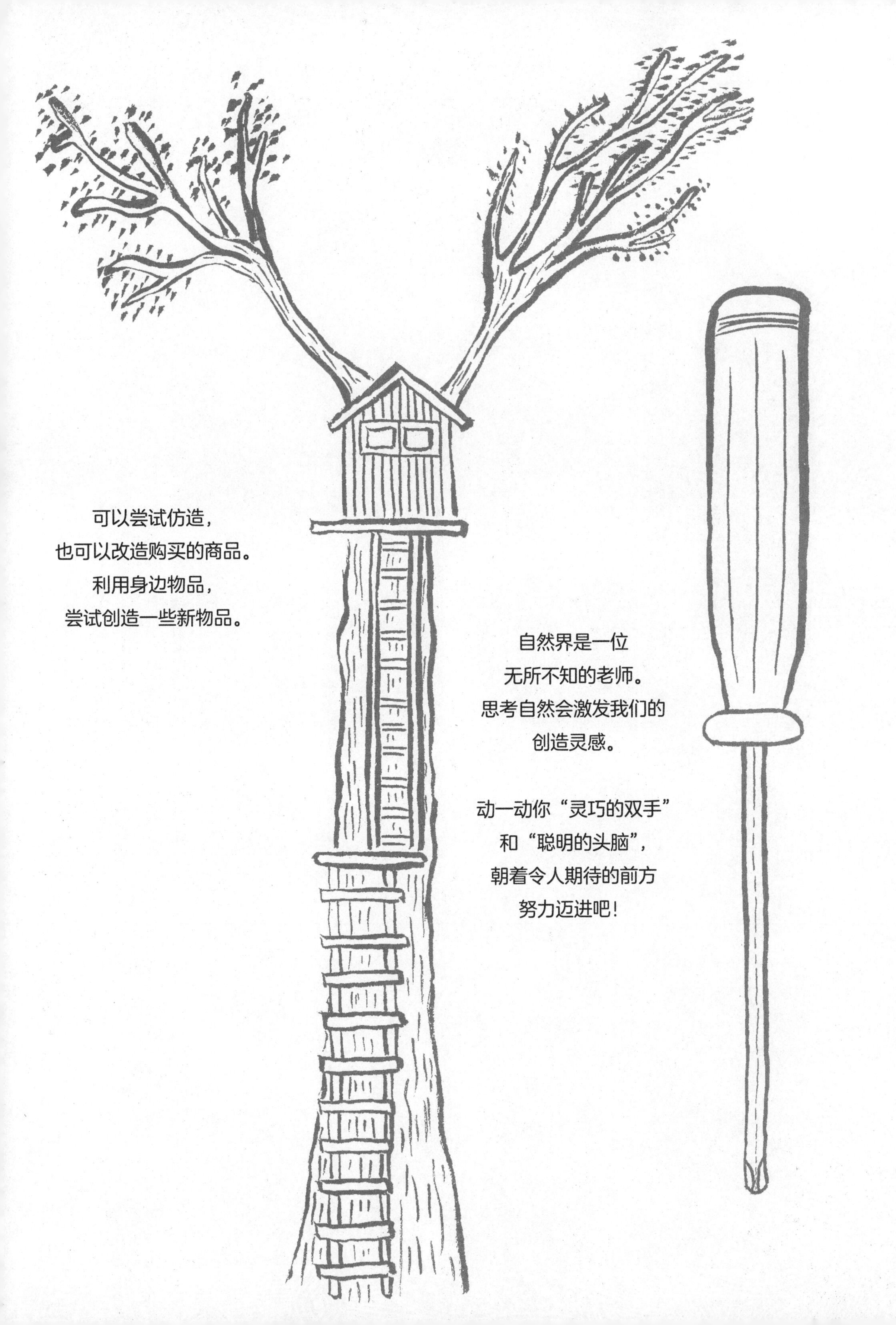

可以尝试仿造，
也可以改造购买的商品。
利用身边物品，
尝试创造一些新物品。

自然界是一位
无所不知的老师。
思考自然会激发我们的
创造灵感。

动一动你“灵巧的双手”
和“聪明的头脑”，
朝着令人期待的前方
努力迈进吧！

故事

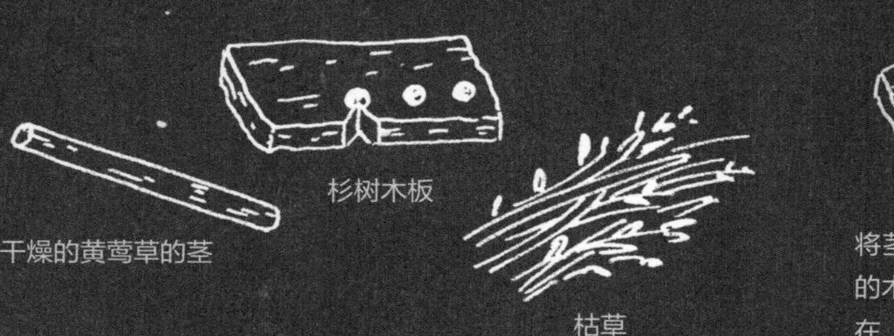

需要大量练习才可以做到哟。

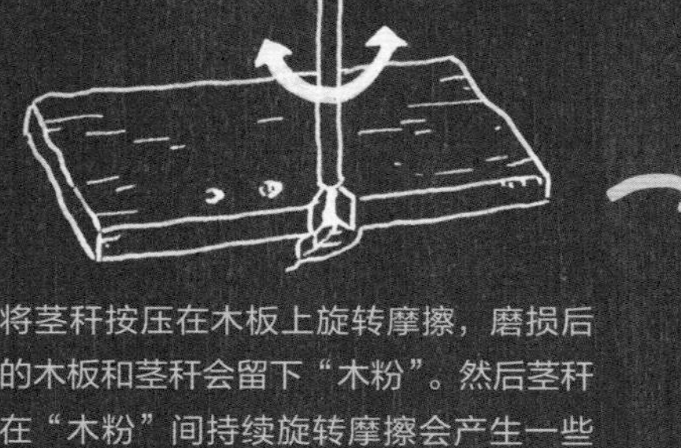

将茎秆按压在木板上旋转摩擦，磨损后的木板和茎秆会留下“木粉”。然后茎秆在“木粉”间持续旋转摩擦会产生一些烟，这些“木粉”就变成了“火种”。

将火种包裹于枯草之中，从底部向上吹气。起火！

魔法的使用方法

用树枝生火

生火好似施的魔法一样。

将笔直的木棒夹在两手间，顶住木板旋转摩擦。

当积存木屑变成泛红闪烁的火种时，用较为柔软的枯草包住火种并向它们缓缓送气。

绯红的火焰就此孕育而出。在关键时刻，火总能助我们渡过难关。

严寒之日可以使人温暖，不洁净的水和各种生物加热后会变为安全的饮食。

漆黑的夜里，只有几颗星星眨眼睛，令人不安又寂寞。

跳跃的火焰映照出我通红的面庞。

火焰一直在帮助我，所以我不断地练习取火的技能，期待可以和它成为

我练习了很久才明白。

生火，是利用祖先们传承下来的技术，激发潜藏在植物间的太阳能量的过程。

我们用双手创造了这样的奇迹。

生火，是闯荡世界的第一步。

如果我们可以自由地燃起火焰，那么我们的心将被燃烧的勇气火苗照亮。

即使没有木棒与木板，心中永不熄灭的火光也可以照亮我们的前行之路。

启程的时刻到了。

火焰啊，冲吧！

Tender 先生 从一万年前印第安人的技术到现代高科技3D打印技术中，思考更环保的生活方式。目前在日本鹿儿岛县的废弃学校创建了一间名为“能量实验室”的市民参与型实验室。

任务单

收集水源

不打开水龙头也能保证生活水源

水从何而来呢？

不断变化形态的水

水是生命之源。海水及森林蒸发形成云，再降下雨水，雨水渗透到土地中，成为地下水，或从河川流向海洋，蒸发后再降下雨水，如此循环往复。自来水管道可以将河流和地下水源送至我们的家中。不过，无论是覆盖地球表面的海洋，还是存留于植物内部或是我们体内的水分，追本溯源都是天空降下的雨水。

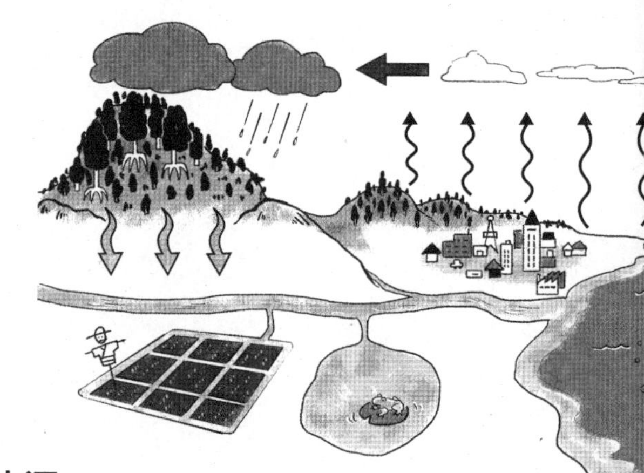

多种方式收集水源

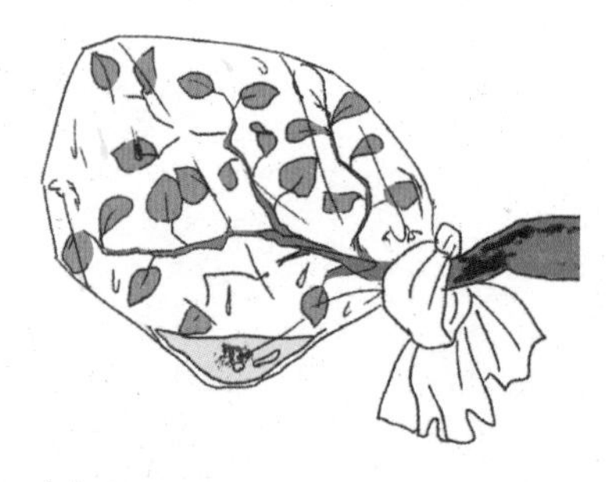

收集植物中的水分

选一根有很多树叶生长的树枝，用塑料袋套住树叶并封口。在阳光下，从树叶中蒸发的水分将会滞留于袋中。

※这种现象是“蒸散”。

收集露水

如果你发现了一片草地，清晨去收集露水吧。在自己的小腿处卷上毛巾或者手帕，然后在草丛里任意穿梭，最后将湿漉漉的毛巾或手帕中的水分拧出来，储存在容器中。在草丛里穿梭1小时大约可以收集1升的水。

尝试过滤河水吧

必需品

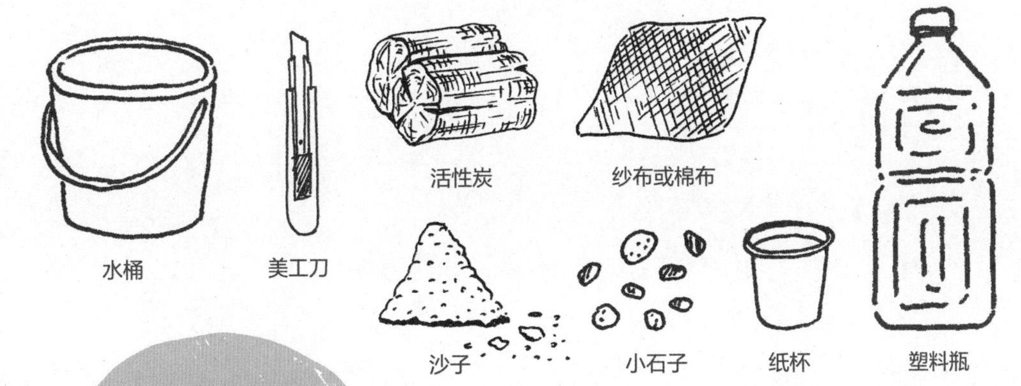

制作饮用水的关键是煮沸。请大家探索一下具体做法吧。

试一试

1 用水桶取河水

静置后沙子和大块的垃圾会沉淀。

2 过滤

将小石子和沙粒如右图所示装在塑料瓶内。从上方倒入河水，按此法至少过滤3次。

3 煮沸

纸杯内倒入已过滤的水，用火加热10分钟使其沸腾，达到杀菌效果。

过滤 … 去除沙子或小虫等杂质的过程。

煮沸 … 加热使水沸腾，利用热效应杀灭水中的细菌。

纸的燃点高于100℃。水在100℃时就会沸腾且不会再超越这个温度，所以盛有水的纸杯不会被点燃。

电力与能源

电能的来源和发电指南

我们常使用的照明系统、电视机、冰箱和空调等都是由电能作为能源。电能主要来源于在发电站燃烧的天然气或者煤炭。电能使我们的生活更加轻松便利。但代价是不断摄取地球上有限的资源，不断破坏自然生态系统。日光、雨水和风力是自然界中的可持续能源。它们可以转化为电能。如果这个过程由我们亲手实现，一定非常有意思。

自给自足的电能!

你是否了解日常生活中消耗的电量？让我们先调查具体的用电量。其中真正所必需的电量有多少呢？

离网是什么？

离网是指不依靠电线输送电力，靠自己生产电能以供自己使用的能源供给方式。常见的方式是在自家屋顶上安装太阳能板，将太阳能转换成电能。因为不必向电力公司购买电能，所以也无需缴纳电费。在缺少电力的江户时代，大家日出而作，日落而息，以阳光培育而成的农作物为食。太阳能从很久以前便作为一种生活能源为人们所用了。

如果想更多了解与能源相关的知识

请至 P126-127
“寻找自然能源”

任务单

制作泥土烤箱

从泥土中诞生的烹调工具

从自然中获取黏土、沙子、稻草制作泥土烤箱。
如果以后不再使用泥土烤箱，可以让它回归自然。
在世界各地均发现使用泥土烤箱的痕迹，它是人类为了饮食创造出的重要工具。
你想试试用这个烤出比萨吗？

必需品

黏土

稻草

沙子

烤炉基座用的砖

试一试

揉搓泥土，使其变得有光泽后，静置凝固。查阅相关资料后试试吧。

1 制作烤炉内部

用砖垒好烤炉的基座。在基座上用沙子和土堆成一座小土包，为了方便之后取出沙堆，在外面贴上报纸。

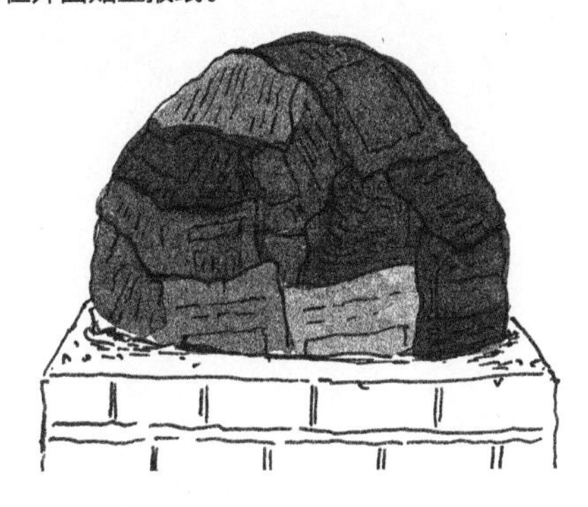

2 制作第 1 层

在沙堆外侧包一层黏土层。在避开直射光的环境下自然干燥。

3 制作第 2 层

用黏土和稻草的混合物，在干燥黏土层外再包一层。不要让雨淋湿，用1~2个月的时间使其自然干燥。

4 整形

取出烤炉内部的沙堆。将烤炉表面和开口处整形。制作完成！

秘密基地设计图

描绘出让你兴奋的场景！

任务单

必需品	试一试	约定
这里只有高大的树木，其他还需要什么呢?	1. 绘制你的秘密基地设计图。 2. 制作一个小鸟的秘密基地。 3. 制作蚂蚁的地下秘密基地。	不要让朋友们看到这一页。毕竟是自己的秘密基地。

创造文化

Cultivate Culture

文化是什么呢?

菜肴的风味、服饰的风格、
住宅的特点、绘画的特色、
歌舞的形式和语言的特征。

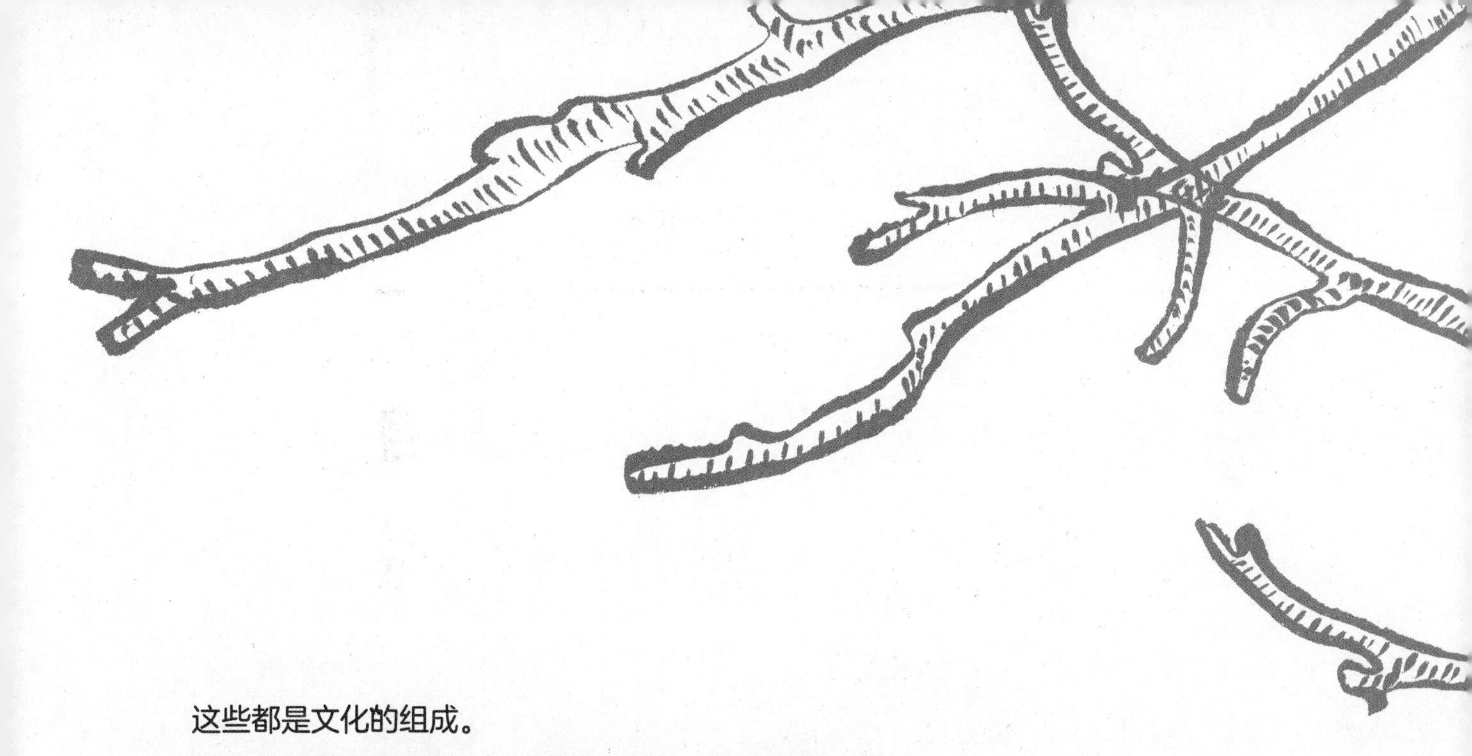

这些都是文化的组成。
文化在很多人同时做一件事情的时候，开始孕育而生。

现在认为文化最初一定是某个人为了让自己的生活更加便利有意思而灵光乍现的想法。
然后这个想法广泛传播，最后变成大家心目中理所当然的事情。
所以你和你的朋友们一起发明的游戏，是你们创造的了不起的文化哦。

在日常生活中，让其他人了解你创造的文化，说不定会成为使他开心幸福的精神力量。

大家一起创造“幸福的文化”吧。

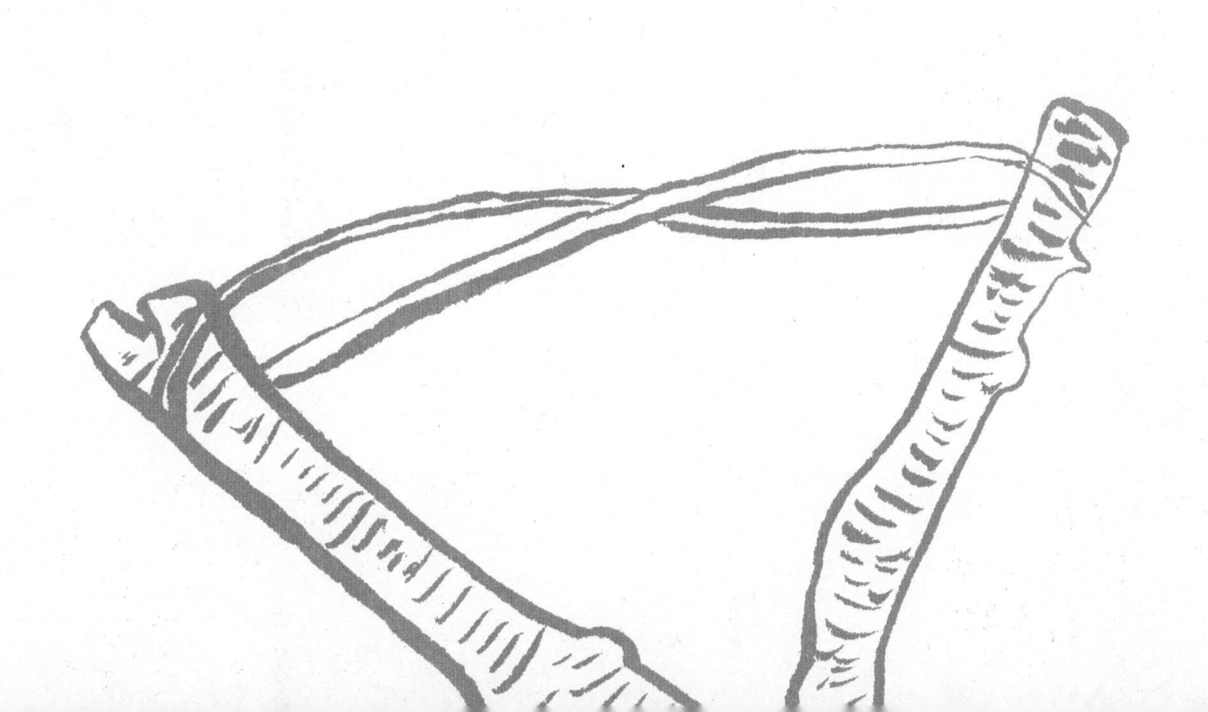

世界上的各类家园

终年炎热的国家、白雪覆盖的国家、被海洋环绕的国家。

世界上的各个国家有不同类型的房屋，它们的设计结合了季节气候特点和生活习惯。

挪威

用花草树木作为屋顶的屋子

在夏日炎热、冬日寒冷的挪威，用浑圆粗壮的木料建筑而成的木制小屋的屋顶上，生长着花草与小树。夏季时，屋顶上植物的蒸腾作用使屋内凉爽，冬季时植物可以变为隔热层使室内温暖。昆虫和小动物可以在屋顶筑巢，就像庭院一样。

秘鲁

在湖水中漂浮的小屋

在秘鲁的的喀喀湖中的浮岛是乌鲁族人用芦苇搭建的岛。芦苇可以用作建造房屋的材料、燃烧材料或食物。浮岛的大小和面积能改变，当家庭成员结婚时，可将浮岛相连。

日本

茅草屋顶的房子

在日本北陆地区，为了在宽敞通风的室内养蚕,搭建了合掌造式民居。茅草屋顶防水性好，角度倾斜不会积雪。破旧的屋顶可制作农田的肥料。

澳大利亚

黄腹太阳鸟的家

黄腹太阳鸟为了保护好蛋和雏鸟不被猴子和蛇等天敌发现，在树梢搭建鸟巢。鸟巢以蜘蛛丝作为黏合剂，将枯草、棉絮、植物的根部、羽毛等粘在一起，制作成特定的形状。鸟巢的入口为了避雨还设有房檐。

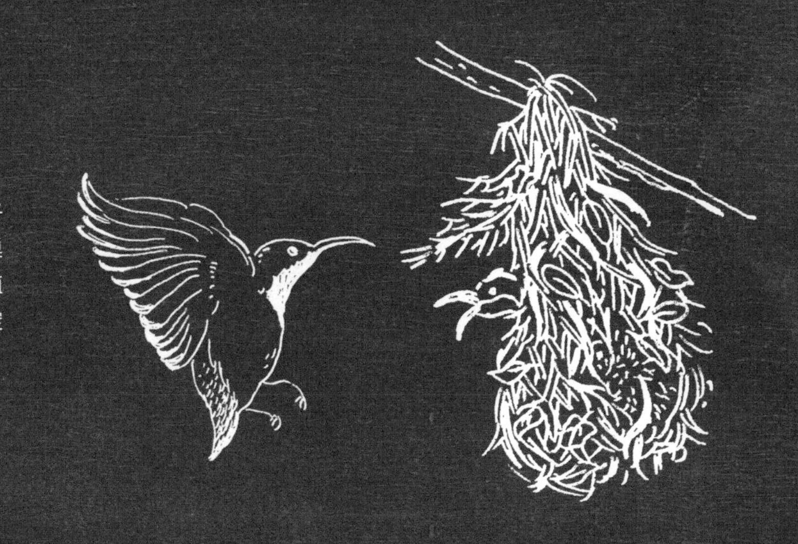

加拿大

用雪建筑的屋子

在几乎全年都是冰天雪地的北极海岸线生活的因纽特人，会搭建圆顶冰屋用于生活。冰屋是由块状积雪搭建而成，可以根据防风等级而改变冰屋的高度，也可以在里面的地上铺上海豹的皮毛防寒。

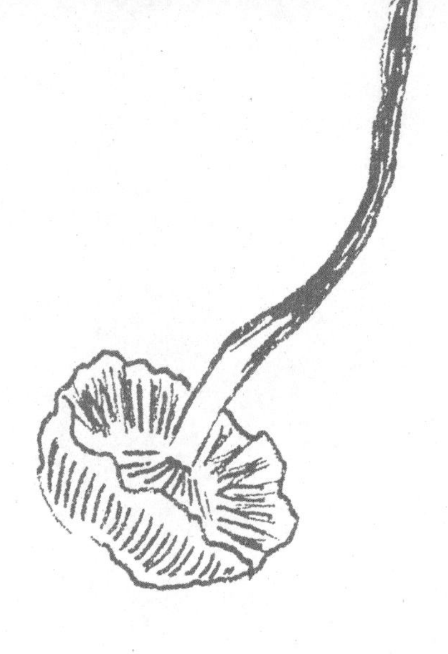

边界是什么？

有趣的事在边界

edge

有趣的边界
Edges are Exciting
你们听说过“边界”吗?

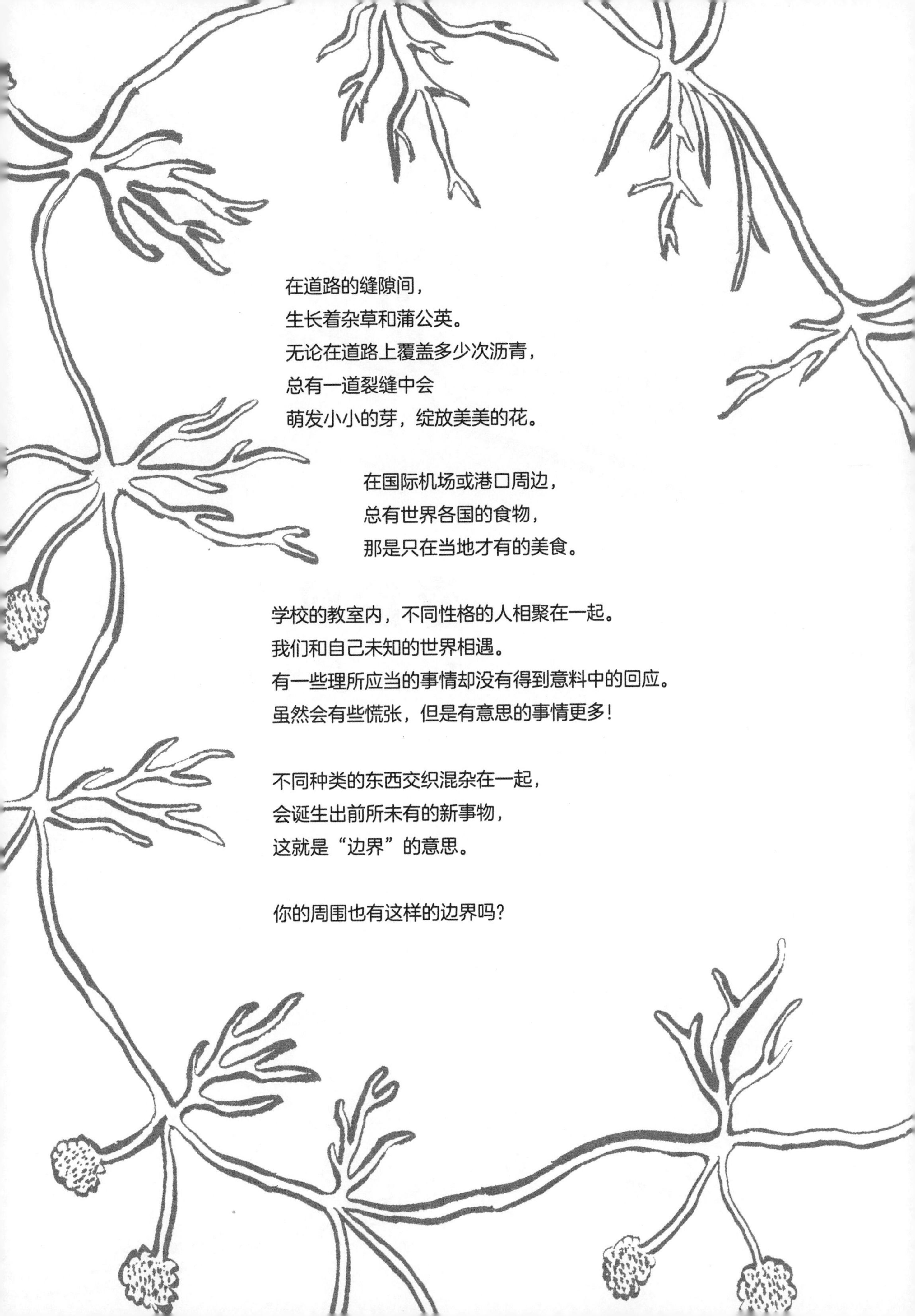

在道路的缝隙间，
生长着杂草和蒲公英。
无论在道路上覆盖多少次沥青，
总有一道裂缝中会
萌发小小的芽，绽放美美的花。

在国际机场或港口周边，
总有世界各国的食物，
那是只在当地才有的美食。

学校的教室内，不同性格的人相聚在一起。
我们和自己未知的世界相遇。
有一些理所应当的事情却没有得到意料中的回应。
虽然会有些慌张，但是有意思的事情更多！

不同种类的东西交织混杂在一起，
会诞生出前所未有的新事物，
这就是“边界”的意思。

你的周围也有这样的边界吗？

冒险吧！

Time for Adventure!

如果有人和你说这个不可以做
为何偏偏就会想做这件事呢？
说不定
你已经发现
那里有未知的世界
在等待自己去探索。

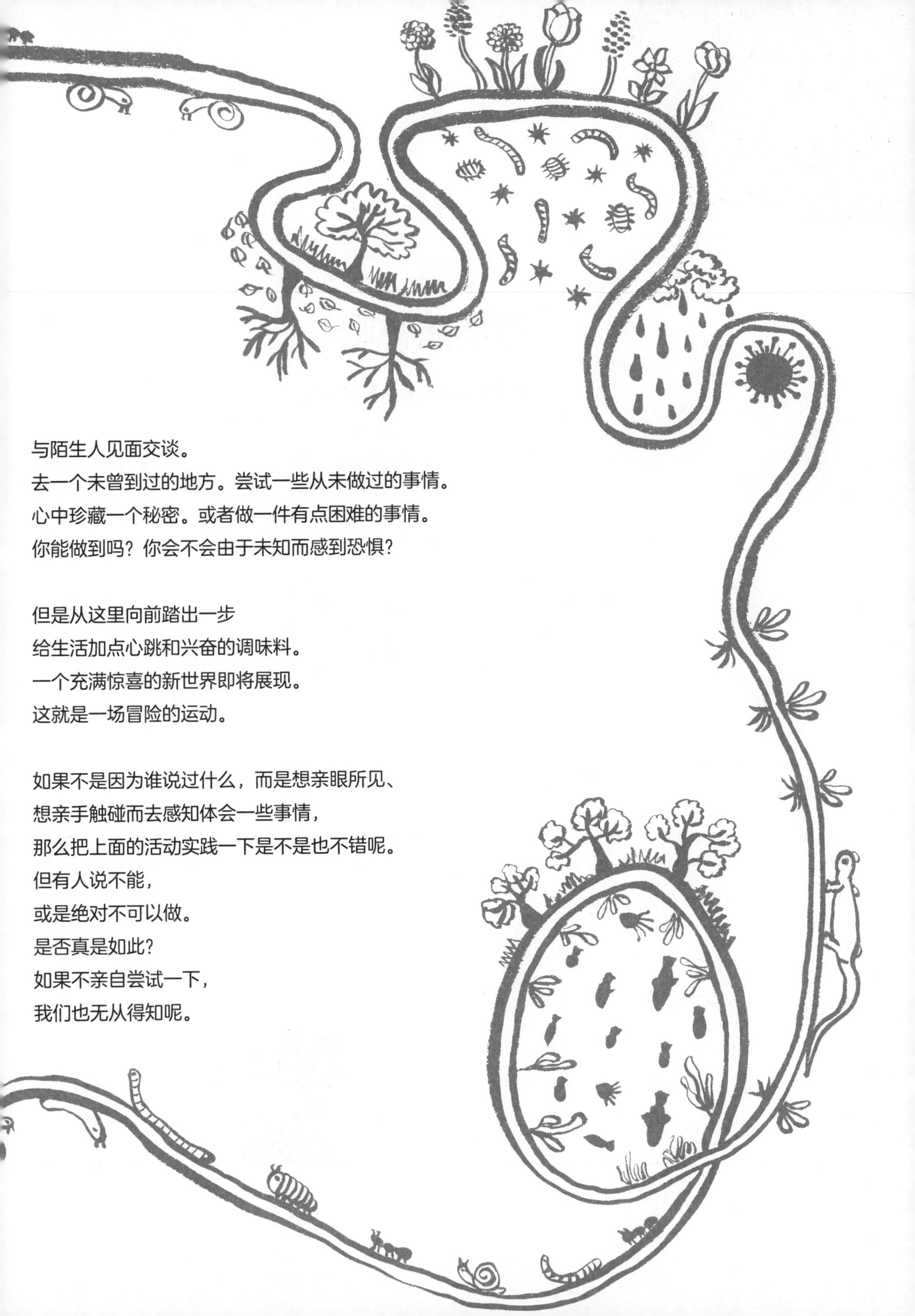

与陌生人见面交谈。
去一个未曾到过的地方。尝试一些从未做过的事情。
心中珍藏一个秘密。或者做一件有点困难的事情。
你能做到吗？你会不会由于未知而感到恐惧？

但是从这里向前踏出一步
给生活加点心跳和兴奋的调味料。
一个充满惊喜的新世界即将展现。
这就是一场冒险的运动。

如果不是因为谁说过什么，而是想亲眼所见、
想亲手触碰而去感知体会一些事情，
那么把上面的活动实践一下是不是也不错呢。
但有人说不能，
或是绝对不可以做。
是否真是如此？
如果不亲自尝试一下，
我们也无从得知呢。

任务单

尽情播种吧！

大家的空间就是我们的花园

必需品

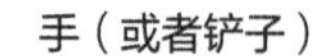
手（或者铲子）

植物种子和幼苗

随意撒种子可能会吓到别人！
（一些公共空间是可以播种的。因为其他生物也在做相同的事呀。）

试一试！

1. 搜集种子或幼苗。
2. 寻找种植地点，如无人使用的空地、停车场或路的边沿等有土壤的地方。
3. 挖洞种下种子或者幼苗。
4. 放置一些标志物以防遗忘。
5. 仔细观察种子或幼苗的生长情况。

街道中是否有可以成为园林的地方？

获取种苗

从自然中生长的植物获取。

从正在培育花草的邻居获取。

从园艺商店或者
超市中购买。

寻找种植地点

未经养护的路边花坛。

未被使用的花盆器皿。

未被利用的空地。

种植方式

用铲子挖出土坑，放入幼苗，
再将土壤覆盖其上。

捉迷藏时撒种子。

走路时撒种子。

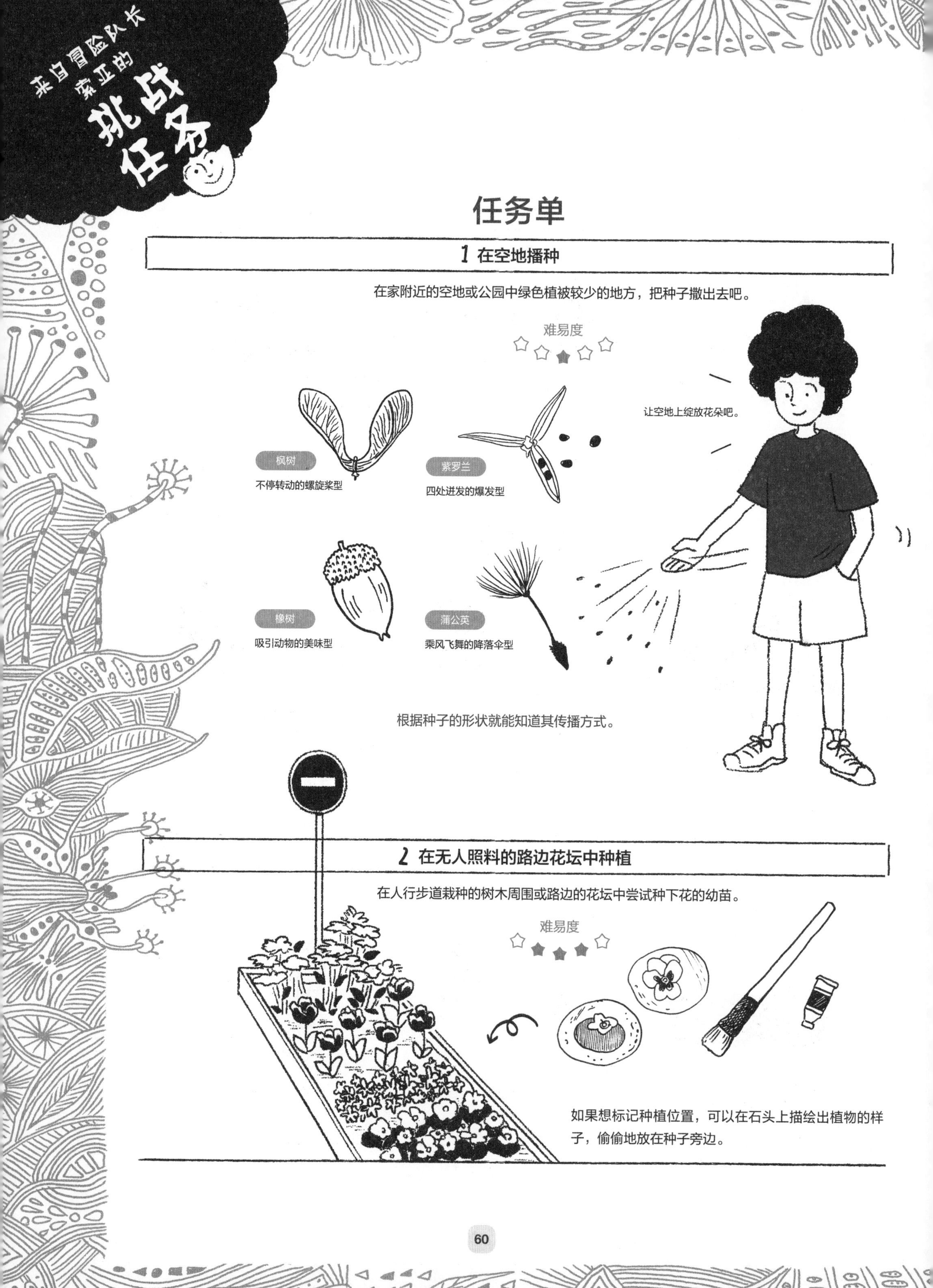
来自冒险队长
索亚的
挑战
任务
任务单
1 在空地播种
在家附近的空地或公园中绿色植被较少的地方，把种子撒出去吧。
难易度
让空地上绽放花朵吧。
枫树
不停转动的螺旋桨型
紫罗兰
四处迸发的爆发型
橡树
吸引动物的美味型
蒲公英
乘风飞舞的降落伞型
根据种子的形状就能知道其传播方式。
2 在无人照料的路边花坛中种植
在人行步道栽种的树木周围或路边的花坛中尝试种下花的幼苗。
难易度
如果想标记种植位置，可以在石头上描绘出植物的样子，偷偷地放在种子旁边。

3 和同伴们在街巷间寻找可以种植植物的地点，播下种子，试着培育花圃

和同伴们一同决定队伍的名字，然后一同寻找可以种植植物的地点。
制作一张属于我们的地图。

难易度

☆★★★★

如果大人生气的话……
将自己的想法毫无保留地告诉他们。
说不定大人们会加入你们，
和你们一起播种培育花苗。

游击园艺（Guerrilla Gardening）

游击园艺是在公共场所种植植物的活动。这是由英国开始的一项公益活动。城市里可使用的土地非常少，但道路两旁以及空地依旧有很多地方亟待开发。如果绿意渐浓，街巷的景色更灵动，生物也有了栖息空间。游击园艺的目的是让我们居住的环境更加美好，而且我们会认识更多志趣相投的朋友。

如果想更多了解植物种植的方法
请至 P16~17
“寻找能成为好朋友的植物”

故事

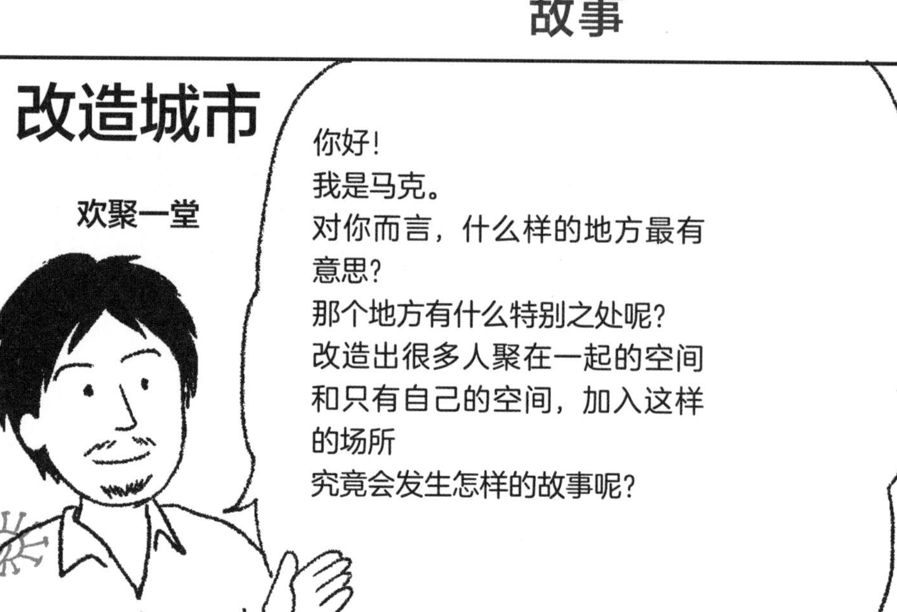

我曾经寻访意大利的广场，观察人们在哪里欢聚一堂。

利用木材等建立秘密基地，为大家准备茶饮。

将这个消息告诉朋友、邻居和陌生人。

虽然我们被告知公共空间不能随意改造。但居民为了让自己的街区更有趣，希望在路边建造秘密基地，创造出任何人都可以加入的聚集场所。

\ 传递心声！让大家都成为好朋友 /

虽然上述的故事曾一度被勒令停止，但附近的居民还是一直坚持。后来政府把这项活动当作一种协助行政管理的“好帮手”。当地的居民们再次收获了这片快乐的天地。

我们的街道由我们亲手创造！

这就是马克和街道的居民们打造的“大家的广场”。这里的十字路口绘有图案。路边的小木箱是所有人都可以借阅的街角书屋。大人和孩子一起分享自己的创意。这是一个大家亲手创造的街道空间。

1. 蜂巢形状的免费报刊箱
放有报纸和杂志。

2. 街道留言板和免费图书馆
可以在黑板上写下留言，
也可以在这里张贴街道活动的预告。

3. 孩子们的秘密基地
孩子们自己打造的游乐场，
有很多玩具。

4. 茅草屋、长凳和茶水补给站，
这里放有装好茶水的保温杯和马克杯，
可以在这里饮茶。

5. 歪歪扭扭长凳
用泥土制成的长凳，
和邻居、朋友一起闲聊吧！

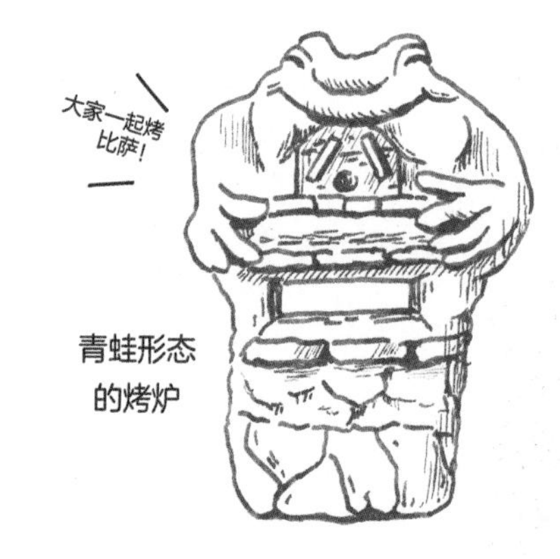

和美人鱼
一起拍照！
美人鱼长凳
街角书屋
十字路口
2
4
5

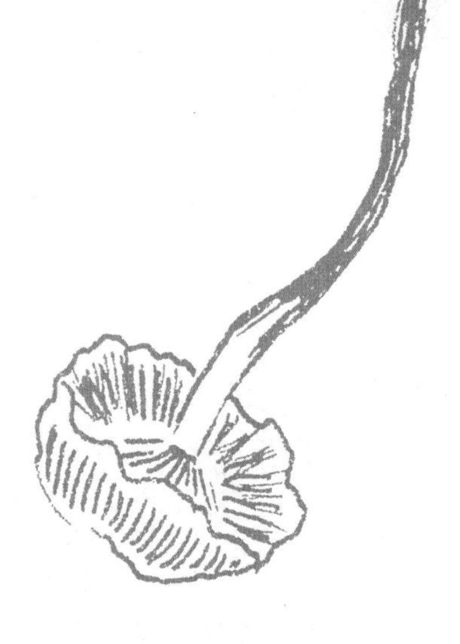

设计是什么？

设计

design

何为设计？

What is Design?

请仔细观察树叶。
从中间一根粗壮的叶脉延伸出很多细小的叶脉，充满整个叶面。
这和我们身体内分布的血管非常相似。
树木的根部有和河川一样的形态。
这是一种让能量迅速地运送到每一个角落、
经年累月而打造而成的天然设计。

设计是让事物变得更好或者拥有更好的状态的技术。
人类的身体和自然都蕴含了设计。

食物、空间和人际关系都是可以进行设计的。

为了提高烹调效率，冰箱会放置在离厨房较近的地方，
这就是生活中的设计。
普通的寒暄就可以让彼此的心更贴近、交流更顺畅，
这就是人际关系的设计。

细心观察你身边的事物，
你会发现潜藏着各种各样的设计。

观察便可见

Observe to See

自然的形状是有一些规律的。
树叶和川流有分叉的规律。
台风和马桶的水流有旋涡的规律。

在火锅中腾起的蒸汽
与天边漂浮的云朵相似，
与冬日张口呼出来的哈气也相似。

不仅仅是大自然，人类的行为也是有规律的。
举例说，冰淇淋屋的周围
总是有很多开心兴奋的人群聚在那里，
清晨的满员电车，挤满了疲惫的人们。

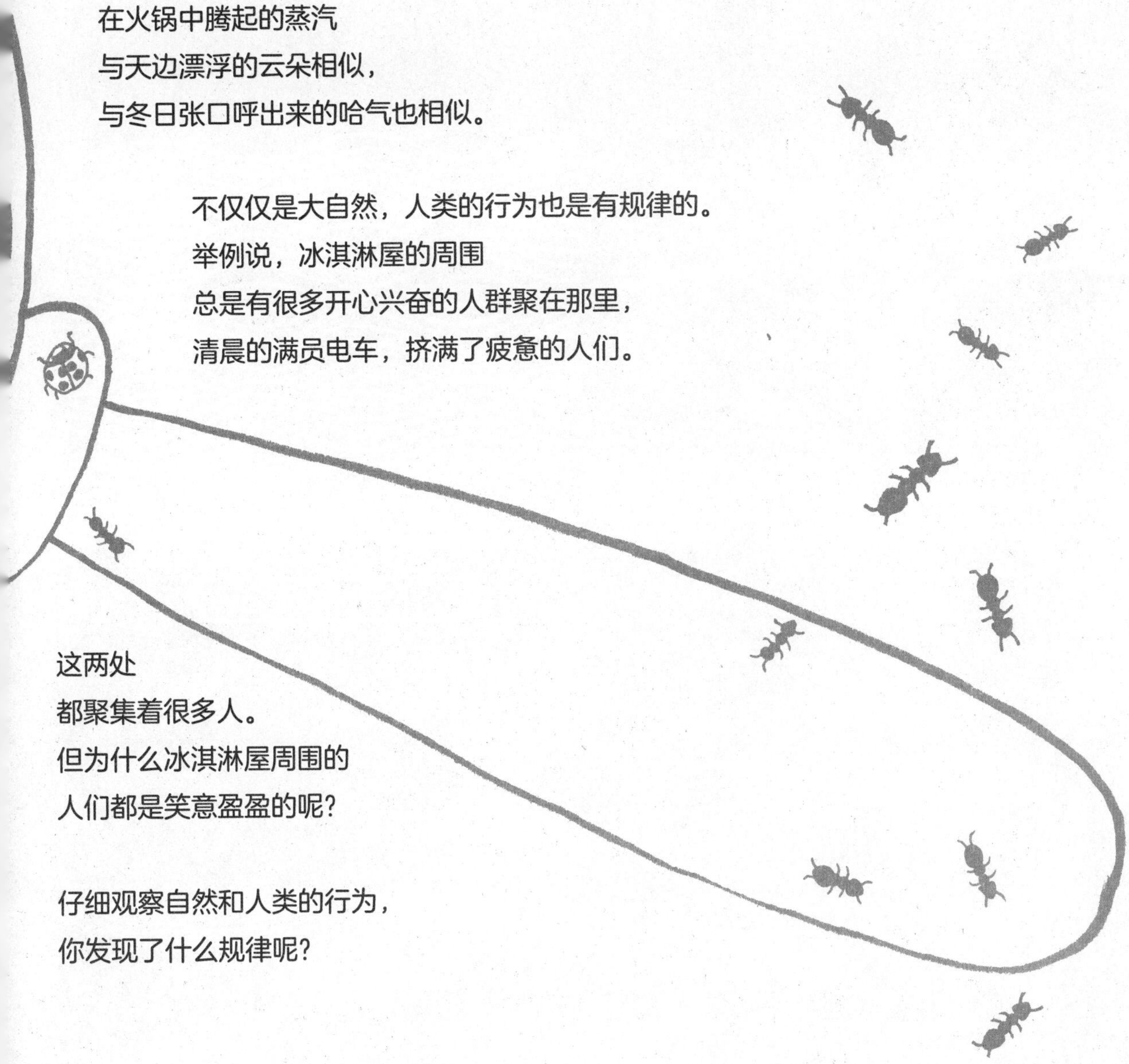

这两处
都聚集着很多人。
但为什么冰淇淋屋周围的
人们都是笑意盈盈的呢？

仔细观察自然和人类的行为，
你发现了什么规律呢？

寻找自然的形状

虽然自然中的事物各不相同，但其形状是有规律的。如海螺的螺旋形贝壳和树叶的分支叶脉。你能发现自然中具有相同规律的设计吗？

分支

分叉使数量增加。

波纹

同样的形式在一定间隔内重复出现。

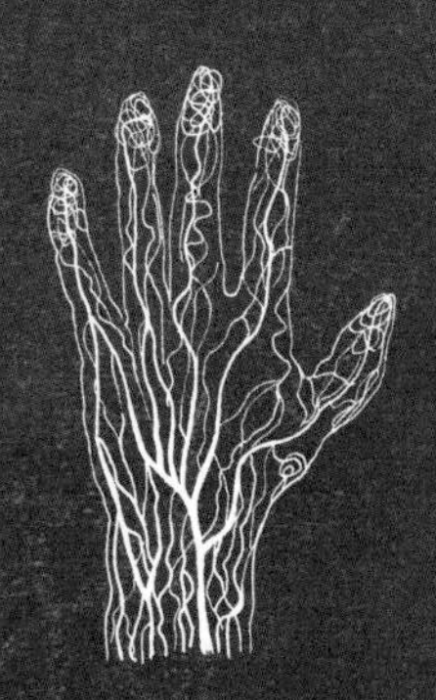

血管

叶脉

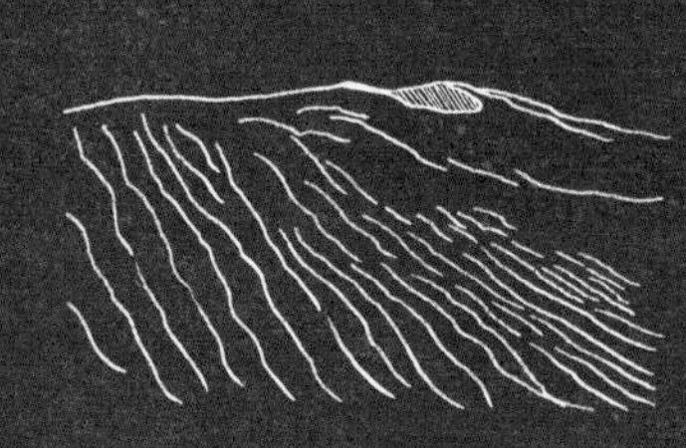

沙漠的表面

水面的波纹

形状有什么规律？

细胞的 DNA 和
宇宙的星云都是螺旋的形状。
虽然大小完全不同，
但为什么形态的规律
是相同的呢？

螺旋

各部分以相同的形式旋转。

分形

部分的形状和整体相似。

蜗牛的壳

台风

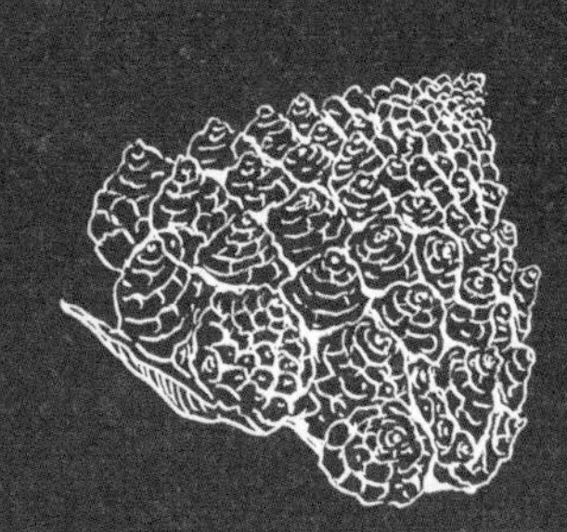

释迦果

雪花结晶

困难教会我们的事

Problem is the solution

一位农民伯伯遇到了麻烦，他农田里的蔬菜都被蛞蝓啃食了。
周围的邻居知道了他的烦恼，建议道：“你的农田的问题不是蛞蝓太多了，而是鸭子太少了。”
“鸭子？”农民伯伯想到鸭子喜欢吃蛞蝓。
原来如此！请鸭子帮忙吃掉蛞蝓，就可以守住田地里的蔬菜。
而且每日还可以得到鸭蛋，丰富了餐桌的食物种类。
农民伯伯恍然大悟。像这种本来认为是很严重的问题，只要转换一下想法，可以轻松解决，还有额外的收获。

这样实在是太厉害啦！
人们经常认为问题是令人苦恼的，其实还有令人惊喜的解决方式。
你也尝试为生活中遇到的困难创造惊喜吧！

大家一起玩一个“解决方法大搜寻”的游戏，怎么样？

人人都是设计师

Everyone Designs

服装穿搭和时间的规划都是设计。
把什么和什么挑出来，搭配在一起也是设计的一种方式。
其实你每天都在做设计。人人都是设计师。

好的设计，是将各部分的优势发挥出来，产生更好的效果。如何使你的家人和朋友都可以开心地生活呢？
这是你作为一名设计师面对的挑战。

你的人生是属于自己的，也只有你才能考虑出你的人生答案。
不要在意失败，其中蕴含关于解答的提示哦！
在不断的尝试中，成为主宰自己生活的设计师吧。

任务单

绘制生物地图

生物群聚的地方，一定有它的原因。了解自己所在区域的生物的种类及特征。
发现各类生物一同生活的秘密。

试一试

和朋友
交换生物地图，
会有哪些
不一样的发现呢？

1 绘制家周边的地图。

2 在地图上标注
自己发现的生物。

3 试着找出生物
在此地生活的原因。

发现新生物简直就像找到宝藏。

地球是个共享之家

地球是一个很大很大的家。大象、沙丁鱼、向日葵、番茄，还有肉眼观察不到的小小微生物都是这个家园的一分子。人体肠道内的细菌数量达100兆个以上。每种生物都在和其他生物互相影响、共同生存。

找一找

1 蘑菇生长的地方

蘑菇不是植物，而是菌类。我们可见的伞状部分是它自身的一部分，与在土壤内部遍布四周的菌丝相连接，其实是一个很大的生命体。

2 蝴蝶飞舞的地方

蝴蝶总按它们既定的路线飞行。飞行路线与光照、温度和植物有关。悄悄追踪蝴蝶，可以发现它们的既定路线哦。

3 使我们开心或沮丧的地方

如果想要创造让大家都开心的街区

请至 P62~65
“改造城市”

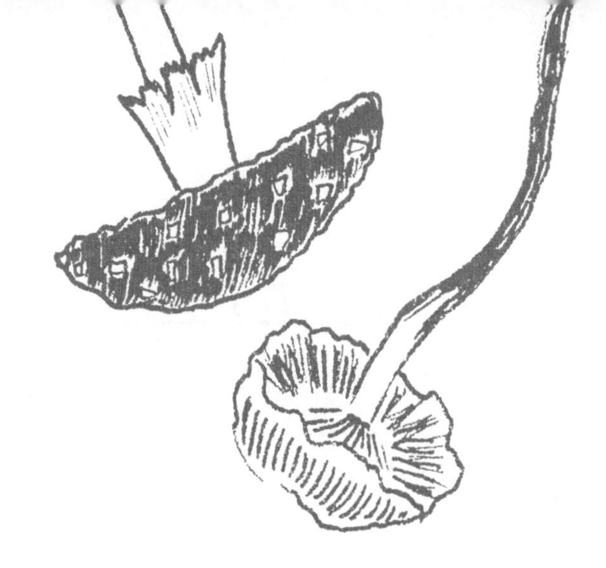

可以不用金钱生活吗？

给予

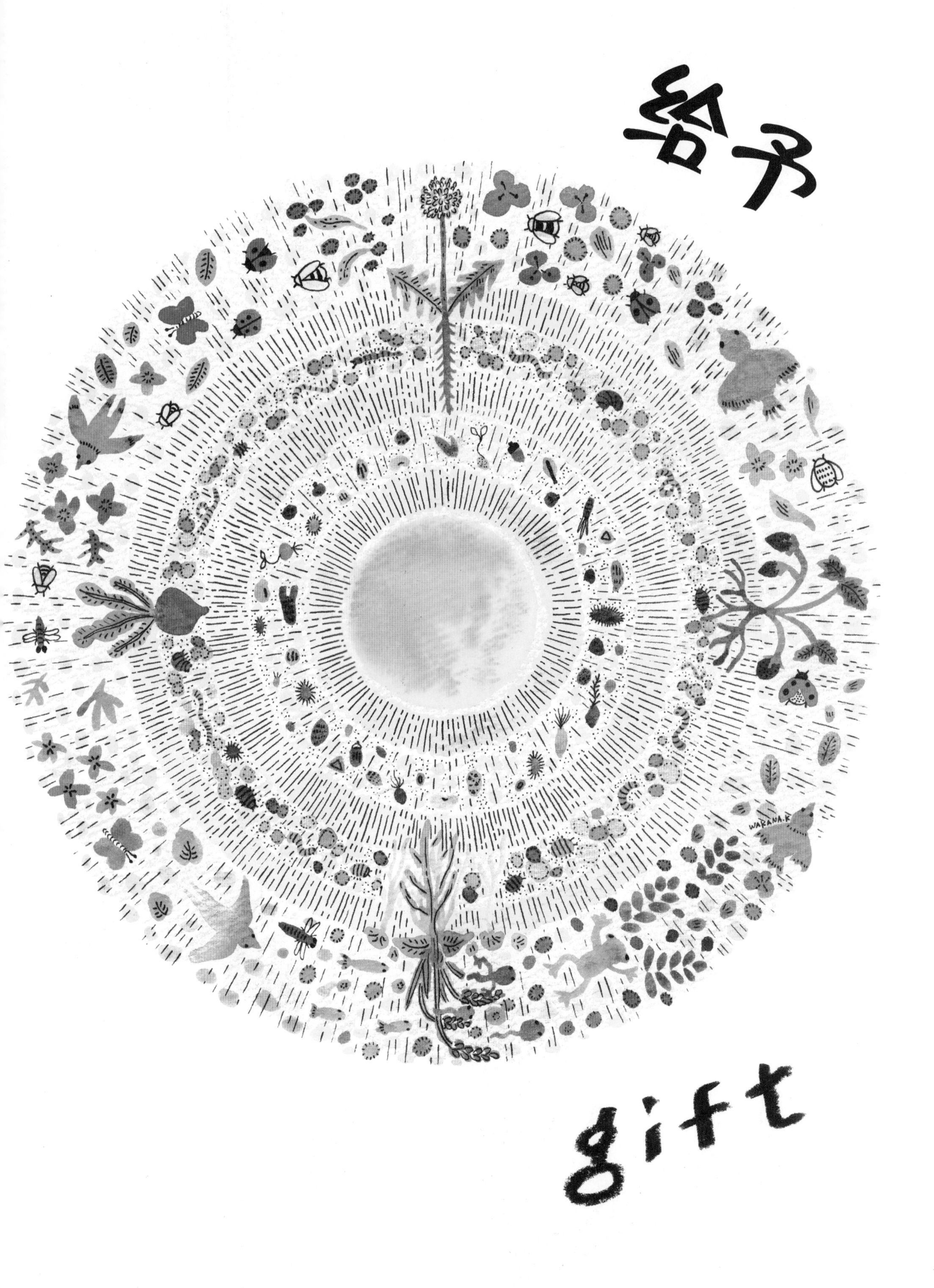

gift

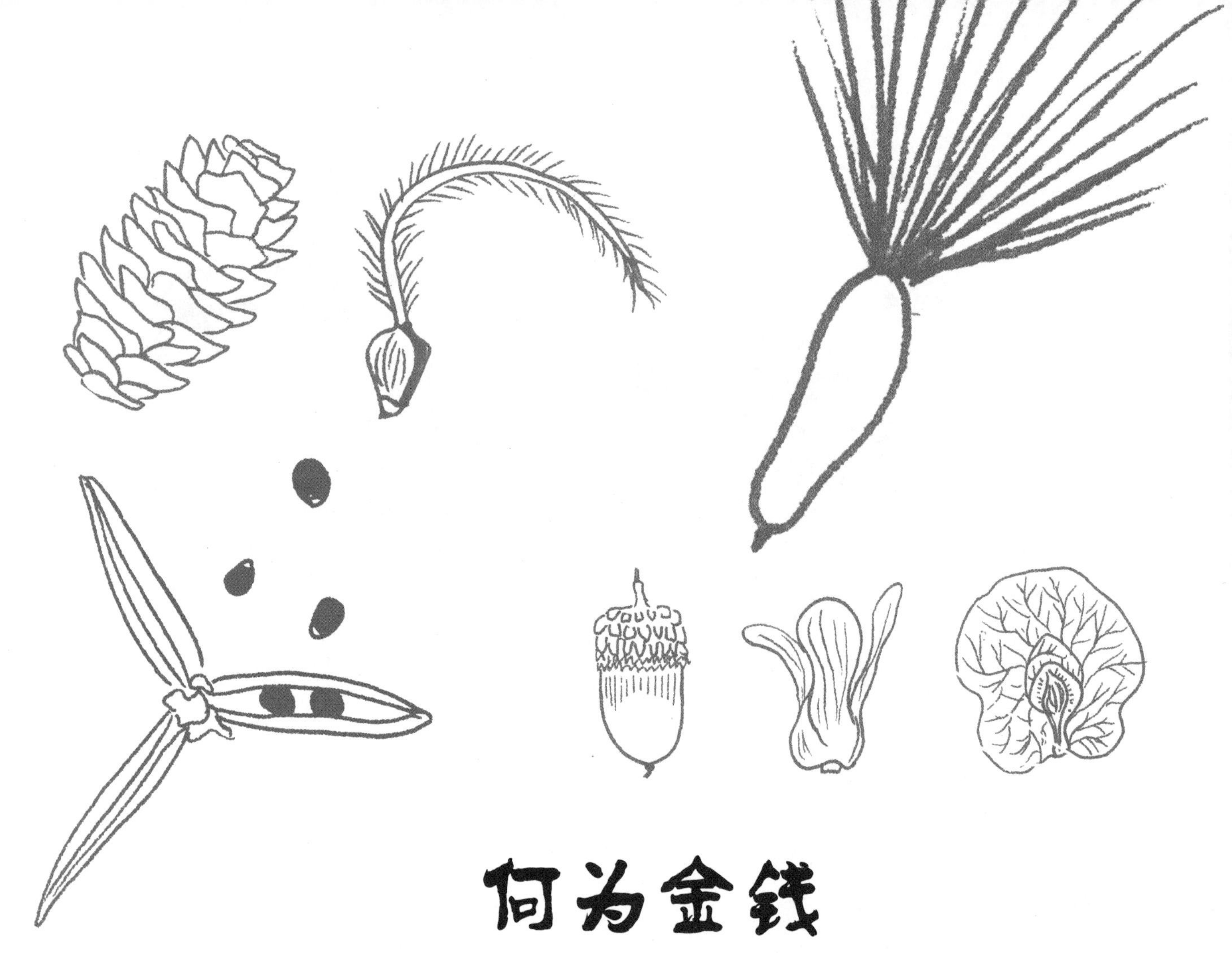

何为金钱

what is money?

在大人的世界
为了生存下去，没有钱绝对不行！
虽然是这样的，但是在地球上生存的生物中
使用金钱生存的也只有人类耶。
除了人类之外，其他生物每天都是免费生活着的哟。
它们到底是怎样做到的呢？

最初人类也是不依靠金钱生活的。
但后来人们发现金钱很便利，所以沿用至今。

请你想一想，
人类没有金钱可以生存吗？
阳光、森林、海洋浮游生物制造的氧气、
从天而降的雨水、
泥土孕育的可口食物、漂亮的小鸟婉转的啼鸣……
这些都不需要金钱就能获得。
为了生存，真正所需要的东西不能靠金钱获得的
会比较多吧。
我们一定要好好地利用
地球无偿赐予的宝贵资源。

从交换到给予

From Exchange to Gifting

阳光照在大地上，植物吸收阳光和雨水，茁壮成长，产生氧气，孕育食粮。我们享用了自然的恩惠，并感恩这一切。

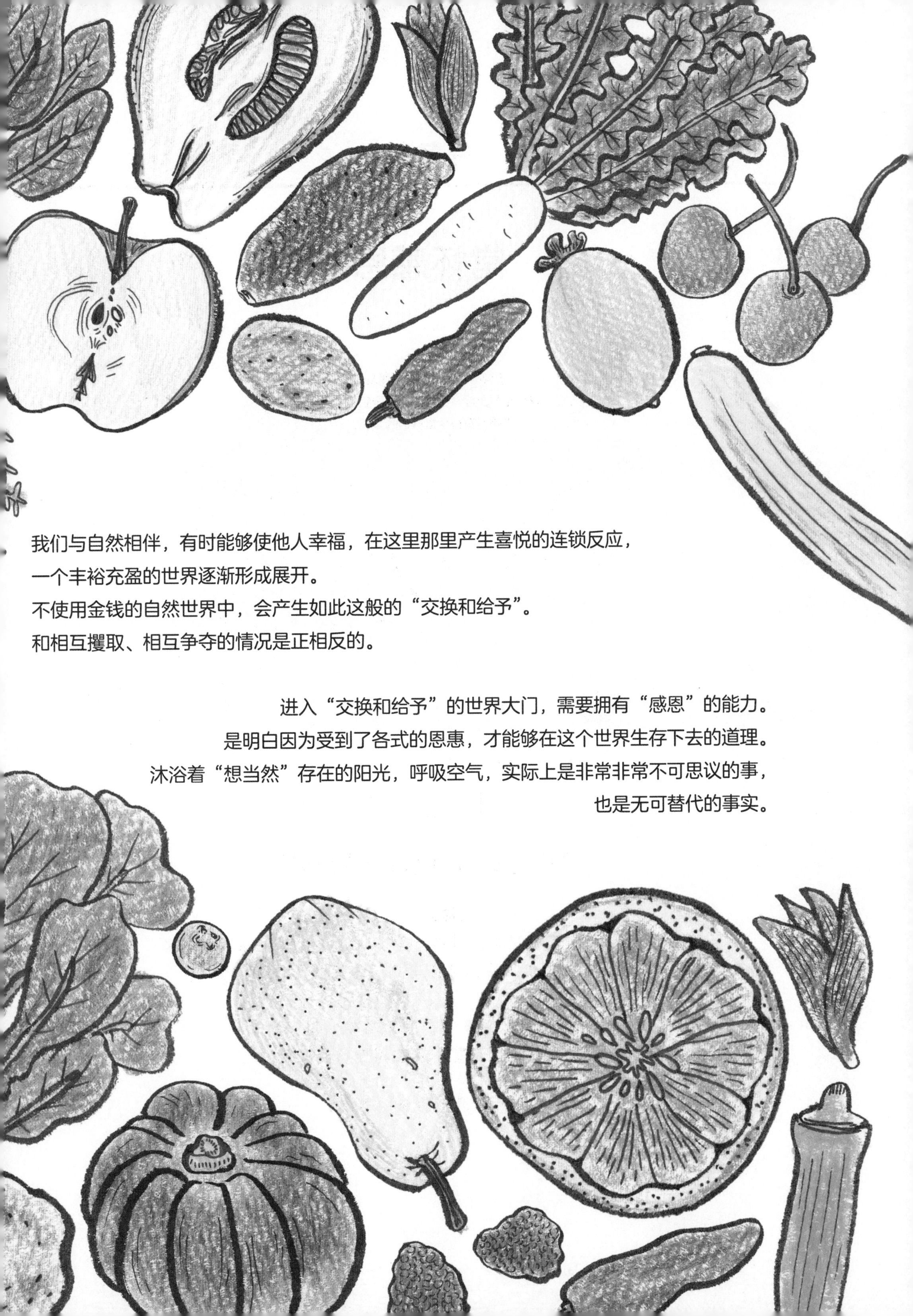

我们与自然相伴，有时能够使他人幸福，在这里那里产生喜悦的连锁反应，
一个丰裕充盈的世界逐渐形成展开。
不使用金钱的自然世界中，会产生如此这般的“交换和给予”。
和相互攫取、相互争夺的情况是正相反的。

进入“交换和给予”的世界大门，需要拥有“感恩”的能力。
是明白因为受到了各式的恩惠，才能够在这个世界生存下去的道理。
沐浴着“想当然”存在的阳光，呼吸空气，实际上是非常非常不可思议的事，
也是无可替代的事实。

任务单

常怀感恩

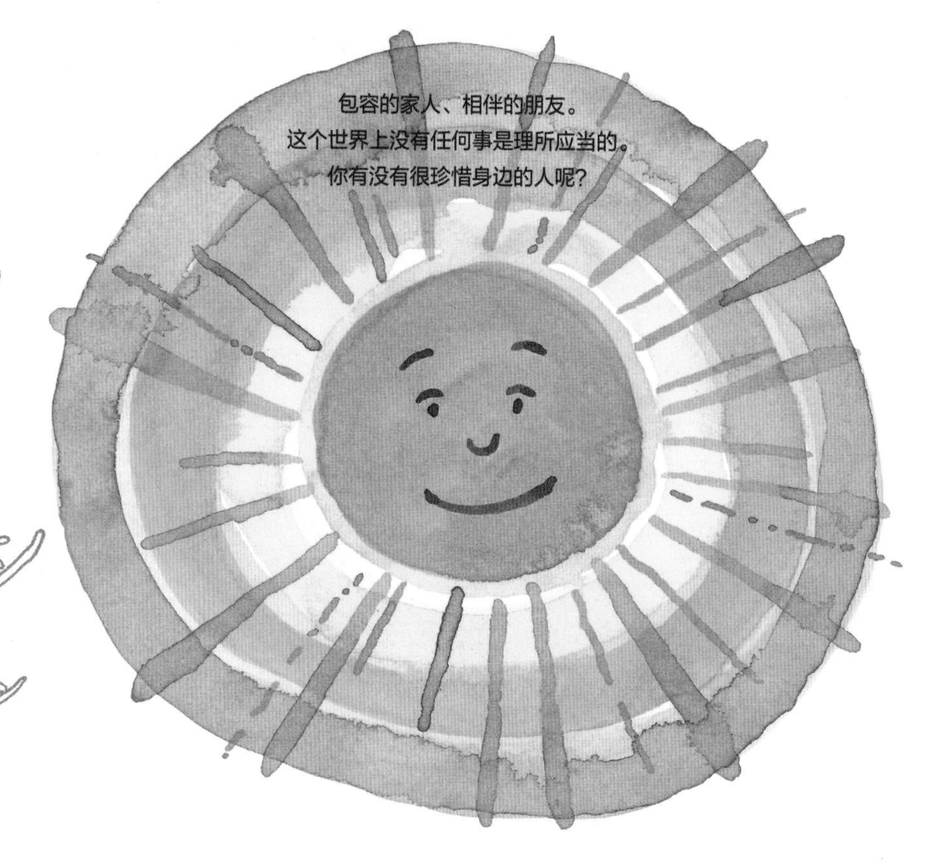

"The Sun Never Says"

太阳从不言

在很长很长的时间长河中，太阳一直将自己的光投射在地球之上

而且，它一次也没有为自己申辩"这都是我的功劳呢"

沐浴着如此的爱意，会变怎样呢？来，请看

这片广阔的天空全都被照耀得鲜亮亮

——节选自哈菲兹诗集《礼物》

感恩日记

每天记录下让你感激的事情。坚持21天，日常感恩的习惯就养成了。

不要忘记对自己说“谢谢”。

DAY 0 感谢您为我制作了美味可口的饭菜

DAY 1

DAY 2

DAY 3

DAY 4

DAY 5

DAY 6

DAY 7

DAY 8

DAY 9

DAY 10

DAY 11

DAY 12

DAY 13

DAY 14

DAY 15

DAY 16

DAY 17

DAY 18

DAY 19

DAY 20

DAY 21

任务单

友善的恶作剧

用温暖改变世界

前几天，我走到田边的时候

有一个不相识的人对我说："今天是我的生日。我收到了很多祝福，我特别特别开心，所以想把这些快乐也传递给别人，请你收下。"然后他递给我自己栽培的蔬菜和微笑卡片！我特别开心，我也想把这份心意继续传递给更多的人。

微笑卡片是什么？

如果你突然收到来自陌生人的温柔和善意，会作何感想？"微笑卡片"是一张将来自他人的善意传递下去的标志卡片。试试对身边人发起"友善恶作剧"，传递开心和快乐。

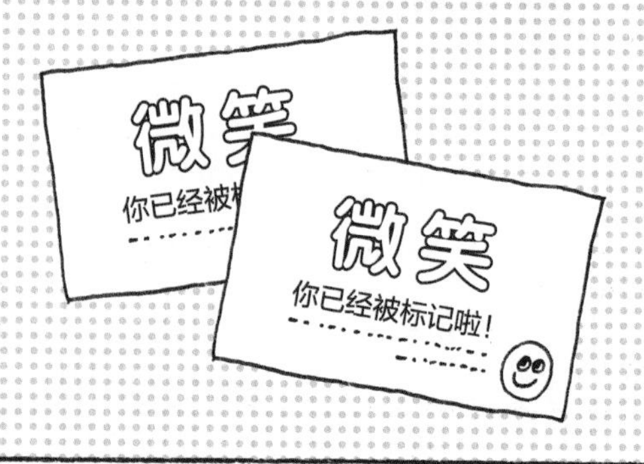

试一试

1. 为他人悄悄地做一件好事，然后把“微笑卡片”留在他的旁边。
2. 接受好意的人作为感谢，为其他人悄悄地再做一件好事，然后再把微笑卡片传递给他。
3. 向大家讲述你收到的善意。
4. 微小的温情不断联结起来，创造一个充满温暖和善意的世界。

制作一张微笑卡片

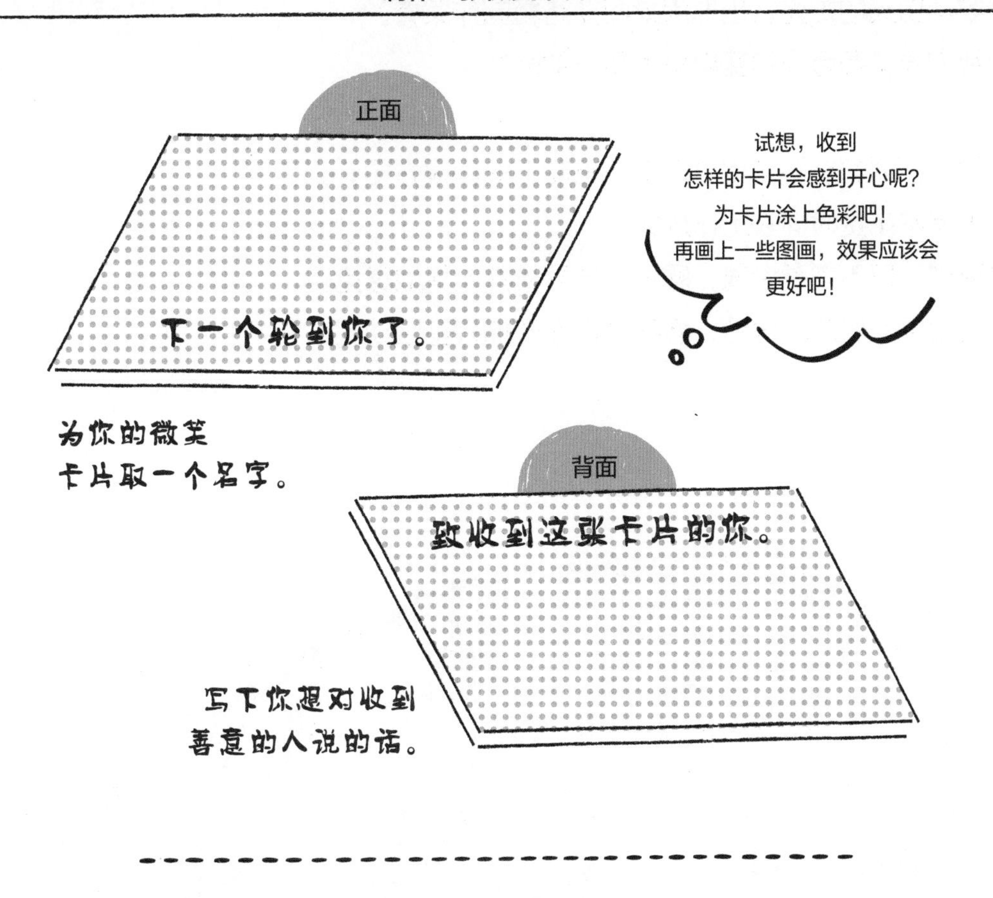

你的“友善恶作剧”

你的“友善恶作剧”会使别人获得幸福感，可能是世界发生改变的契机哦。
让更多的人了解你的勇气满满的“友善恶作剧”吧!

不靠金钱生活

Living without money

大人们通常用金钱购买自来水和电能。
如果收集降落的雨水，也能成为自来水的替代品，
如果收集白天的阳光，也能用太阳能烤箱制作菜肴。
为何我们要花费金钱购买自来水和电能呢?

无论何时何地都能够使用自来水和电能，的确很方便。
但你不得不花费时间去工作赚钱。
若是那样，何不摆脱金钱，展开一场寻找并收集地球免费
为我们提供的资源的冒险，会不会使你更加兴奋激动呢?

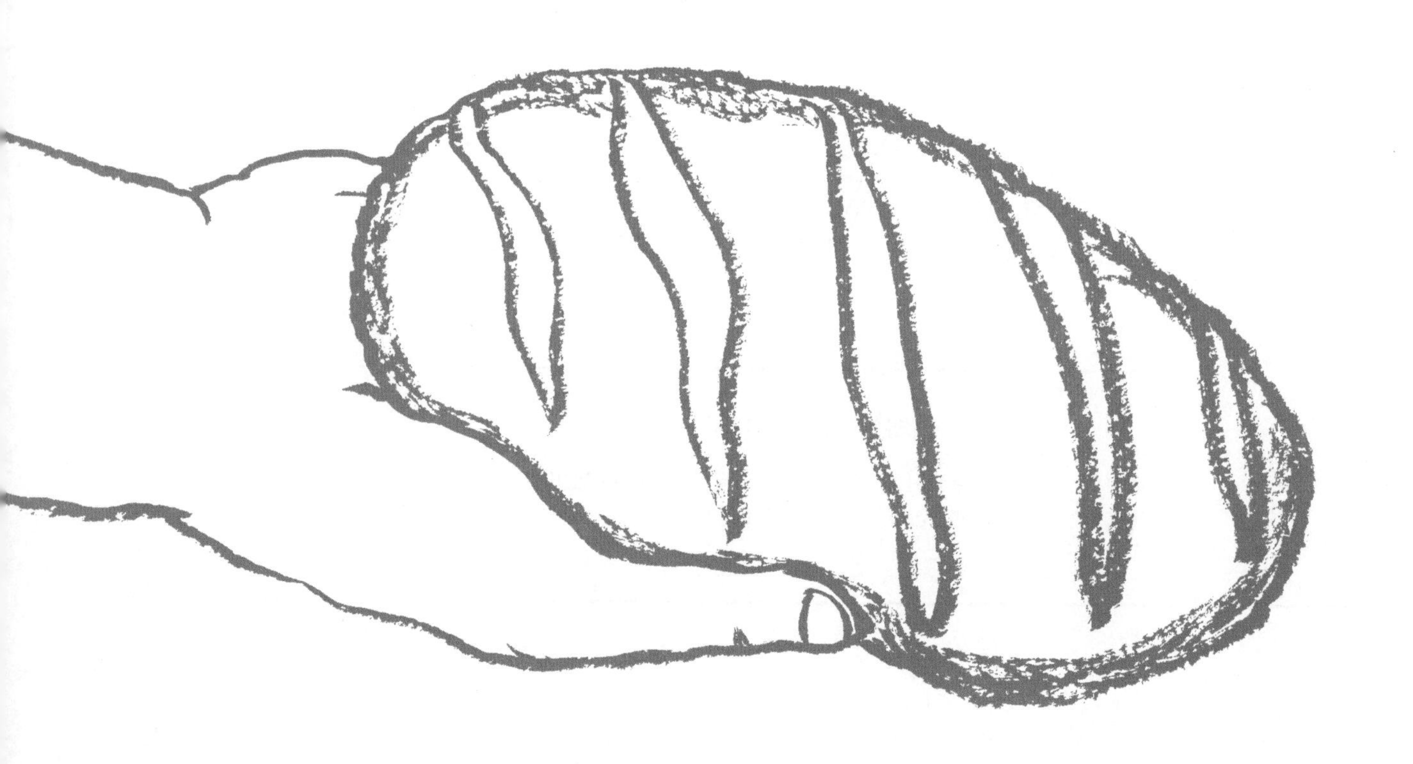

金钱可以购买商品，
看上去非常方便。

但是，为了赚钱疲于奔命的人，
以及因为没有钱而陷入痛苦的人，
有很多很多。

如果不使用金钱，
通过收集身边的资源，
在自由时光中利用巧思充实地生活，
也是很美好的。

任务单

互助合作

取长补短，发挥优势

当你有不擅长的事，你的朋友可能正好会处理。你也可以帮助你的朋友做一些只有你能做到的事。比如，你会弹奏乐器，想举办演奏会，可以请擅长绘画的朋友绘制海报，请喜欢跳舞的朋友一起加入。

你们取长补短，互助合作，一起实现你们的梦想。

你能做的事

跳舞

绘画

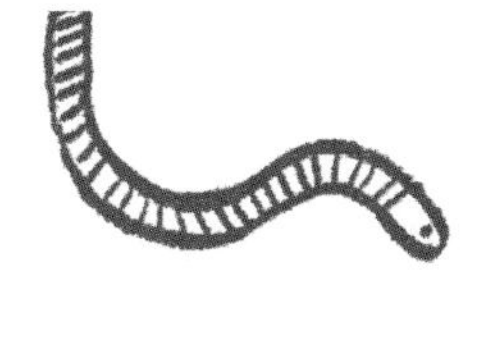

不仅仅是物品，你的想法
或是心情，将这些与
他人分享也不错呢

发现隐藏的资源和才能了哟！

Community Asset Mapping

将自己所在区域的特征资源用地图、图画或其他类型的图像标注，使其变为可识别信息。可以了解此区域内人们各自擅长的领域、人际关系网络、区域内的设施、社会团体、自然环境等诸如此类的信息，使此区域内的资源配置及利用达到最大化。

希望他人为你做的事

举办一场钢琴演奏会

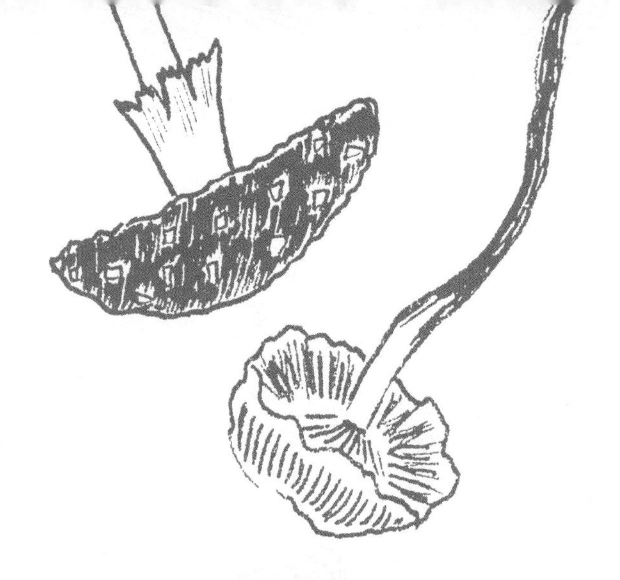

心情是怎样产生的呢？

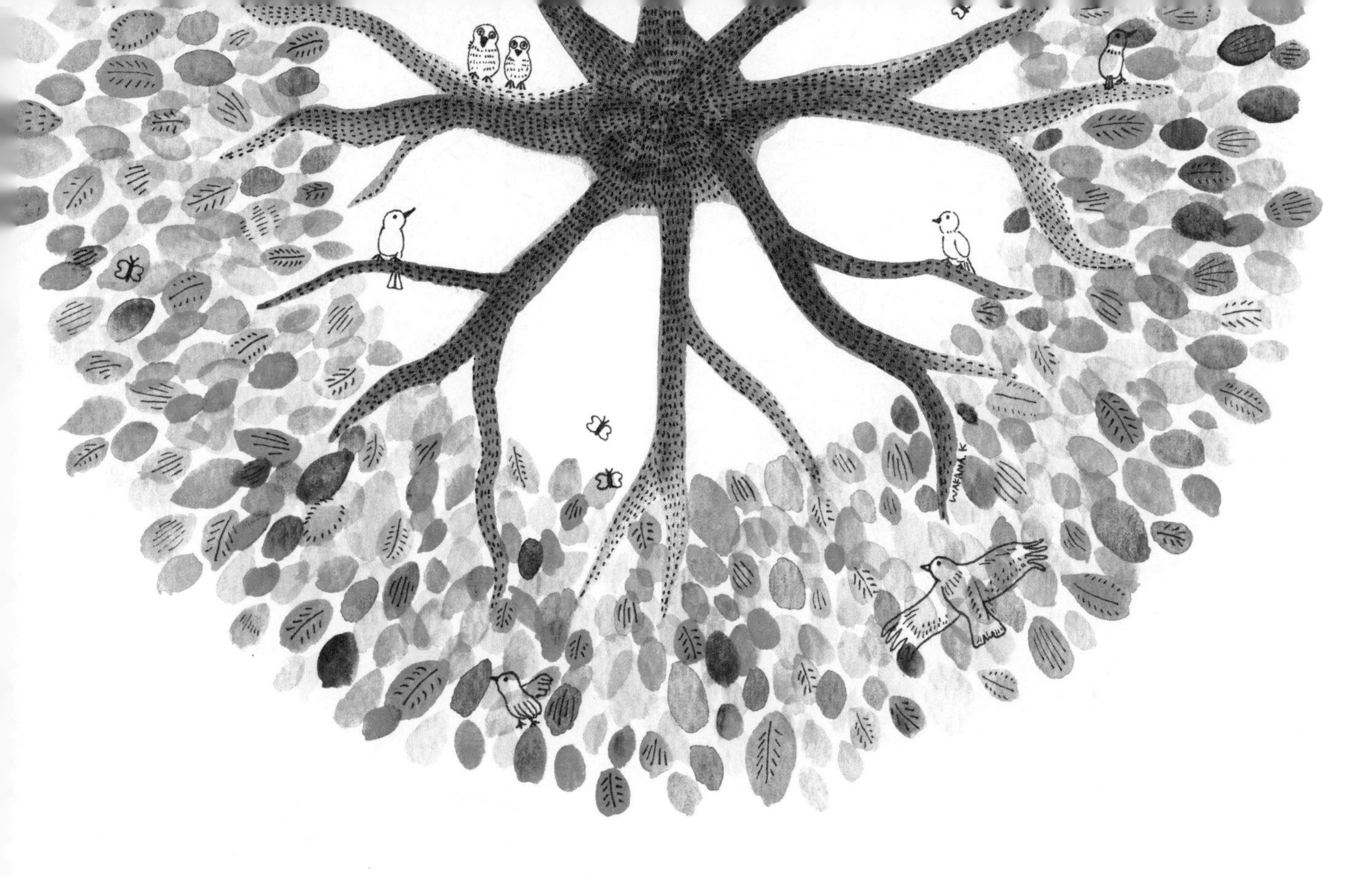

静止

Stop

感受静止

Stop and Feel

呼吸是我们活着的证据。
由海洋或是森林的生物制造出的氧气，
在我们的身体内循环再排出，
然后再成为其他生物的营养。
我们就在这生命的循环中生活着。

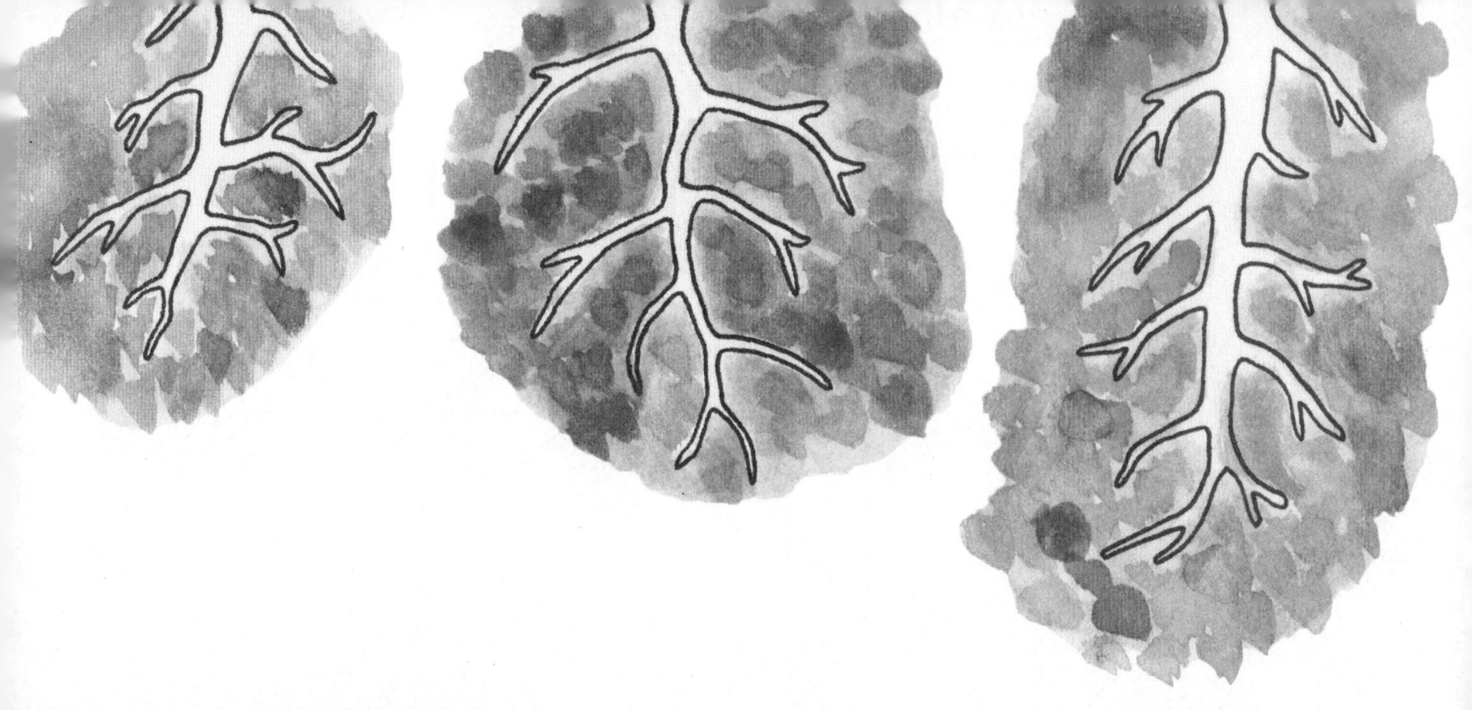

我们安排一个可以感受呼吸律动的时间，
说不定可以让心灵越发沉静致远。

你的心灵也是，
偶尔欢笑，偶尔难过，偶尔生气，偶尔激动。
我们的身体会产生各种情绪。
每一种情绪，都没有绝对的好坏。
只需感受：这就是我此刻的心情啊。

愤怒和悲伤不是一件不好的事情。
因为这些情绪，
其实是内心深处的一种声音。

我存在于此刻

Be Here Now

我们存在于“现在”这个瞬间。

时光荏苒，我们开始渐渐淡忘“现在”，
而是被过去和以后的事情不断牵扯精力，
却越来越不清楚眼前世界的样子。

不要忘记此刻你正在努力地活着。
我希望你一直能够体会这种感觉。

如果你的心变得非常忙乱，不妨试试停下来。
不要慌张，将手放在心上，慢慢呼吸。
然后，请想起此刻最应珍惜的事情。

你只需记得呼吸的律动，还有微笑。
呼吸让你此刻回到这里，感受生命的珍贵。
微笑，便是在内心的庭院内种下想要培育的花与果，
并耐心照料。

感受生命带给你的一切。
让我们庆祝我们被赋予生命的此刻吧！

呼吸

这一页

是为了让你感知生命的律动。

吸气

呼气

森林
和海洋
制造的空气

请先用
鼻子深吸
一口气。

3

请你
将吸入的空气从鼻腔呼出。

2

1

好的。

这一页

是
为了
让你

体会
生命可贵。

感受
扑面而来的风，

被吸入的空气徐徐地
在身体中充盈游走，

空气是
清新的吗？

呼

吸气与呼气
的感受相同吗？

空气是
温暖的吗？

从口腔缓缓地吐出空气。

胸口
起伏

从口腔大
口吸气。

任务单

心灵冥想

让心灵回归身体

“息”这个字就是由“自己的心”组成的，所以所谓的呼吸也就是将自己的心和自己的身体统一，让我们的身体永远能够保持随时接纳心灵回家休息的状态。

让我们在生活中进行心灵冥想吧！

行走时冥想

用足底感知地球，和地球击掌。

一步、一步，慢慢地。小石头、地面的裂缝、温暖的泥土、
柔软的草坪。用你自己的肌肤感受地球的温度。

鸟儿啼鸣时冥想

要是你听到小鸟的叫声，
不妨停下脚步侧耳倾听。
冥想就在此时此刻开启了。

冰淇淋冥想

一口、一口，认真地品尝。
冰淇淋的香甜和冰爽
在你的口腔中慢慢扩散。

正念是什么?

正念是专注自身，通过冥想有意识地觉察自我，将注意力集中于当下。
冥想的方式不只是打坐，还可以在饮食时冥想，在歌唱时冥想。无论你在做什么，都可以尝试这种将身体与心灵联结的练习。

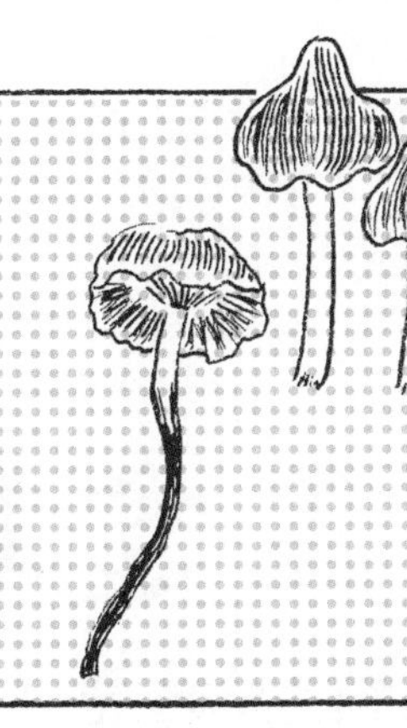

正念填色
填涂颜色，将精神集中。

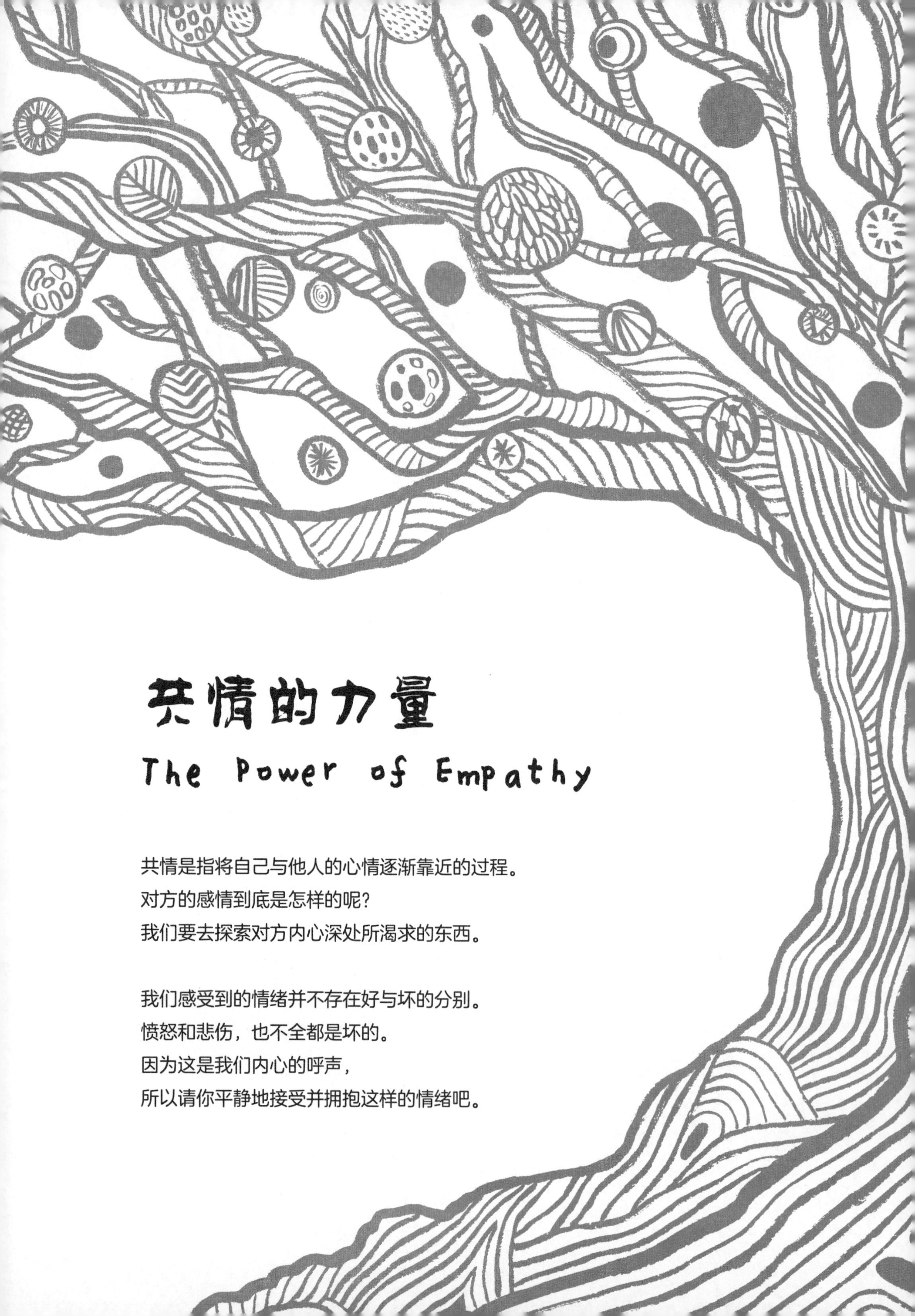

共情的力量

The Power of Empathy

共情是指将自己与他人的心情逐渐靠近的过程。
对方的感情到底是怎样的呢？
我们要去探索对方内心深处所渴求的东西。

我们感受到的情绪并不存在好与坏的分别。
愤怒和悲伤，也不全都是坏的。
因为这是我们内心的呼声，
所以请你平静地接受并拥抱这样的情绪吧。

如果对面的人因你而高兴，当然是最棒的。
如果对方生气了，我们要试图感受对方的愤怒和悲伤并陪在他的左右。
因此，我们应该互相考虑对方到底是怎么想的。
通过共情，可以维护好我们珍视的感情。

你会与你的朋友吵架，会被家人责骂。
那个时候，你的朋友和你的家人是以怎样的心情与你对话的呢？
在这些语言的背后，他们的心声又是什么呢？
请认真地思考一下吧。

任务单

共情交流

倾听心灵的声音

共情交流是什么？

“明明不想吵架，但还是说了狠话。”“希望能让他明白，但他偏偏不懂我。”其实我们都是在为对方着想，然而不经意间还是让自己的坏情绪占了上风，出现这样的情况是因为我们在无意识间已经认定了对方是坏的、错的，也逐渐丧失了感受内心深处情感的能力。这时，我们要先让自己与自身情绪相连接，然后再试着考虑一下对方的心情。直接地表达出内心所想的事，或许就不会造成冲突。

容易形单影只的生活方式	拥有很多朋友的生活方式

你自己来选择

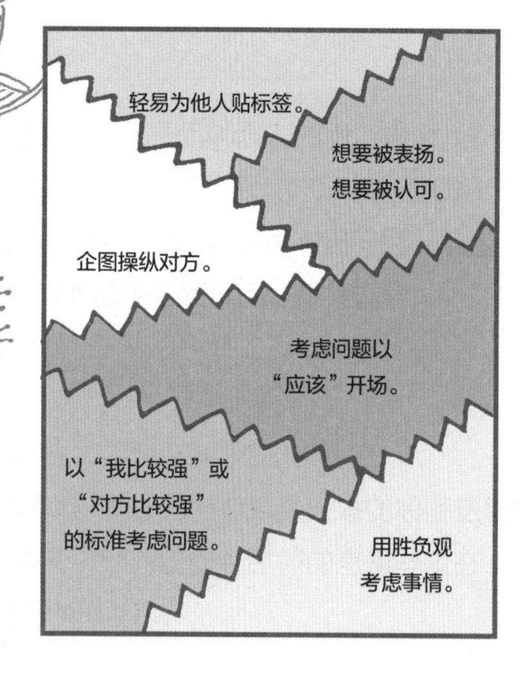

利用需求卡片探寻自己的真实需求

情绪是由于内心需求而涌现的。
但是人们很多时候并不能发现自己的需求。
需求卡片可以帮助你找到你真正想说的、真正希望对方做的，发现自己的真实需求。

用需求卡片表达内心所需

适合3~4人一起玩

1 倾诉者讲述最近烦恼的事情。

2 倾听者体会倾诉者的“需求”。

3 倾诉者结束倾诉后，倾听者选出自己认为的倾诉者需要的需求卡片，交给倾诉者并向他询问“你是否有这个需求呢？”。

※ 需求是自己认为必要或应当珍视的事情。

4 倾诉者再从剩余的卡片中选出相符合的卡片。

5 倾诉者在持有的卡片中选出 3 张对于自己最重要的卡片，然后仔细地体会自己的真实需求。

倾听

休息

快乐

珍惜

感谢

学习

贡献

安稳

自由

平等

接纳

创造自己的需求卡片

※ 需求的种类有100个以上。

所向无敌

No Enemy

无敌是一种自认为没有敌手的状态。
这与让自己变强，
击败所有对手的情况是不一样的。

当我们无法理解或是感到畏惧的时候，
就会认定对方是我们的敌人。

与自己想法不一的人、异国来客、
讨厌的虫子等动物，甚至杂草，
都可能被我们当作敌人。

这种情况下，先稍停一下，
请试着去靠近对方，并体会对方的感受。
有时，敌人只存在于我们自己的想象中。

如果你能明白“任何生命都在努力地活着”这句话的意思，
你会发现敌人们不见了，继而发现一个和平的世界。

为了迎接无敌、和平的世界而努力吧！

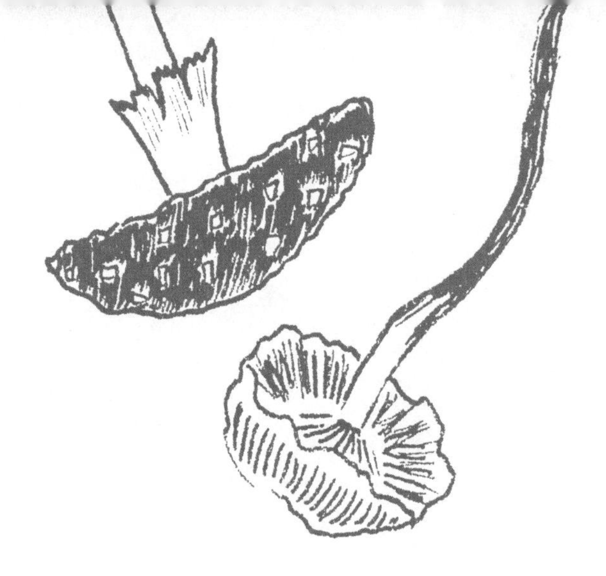

我们能否和地球生息与共呢？

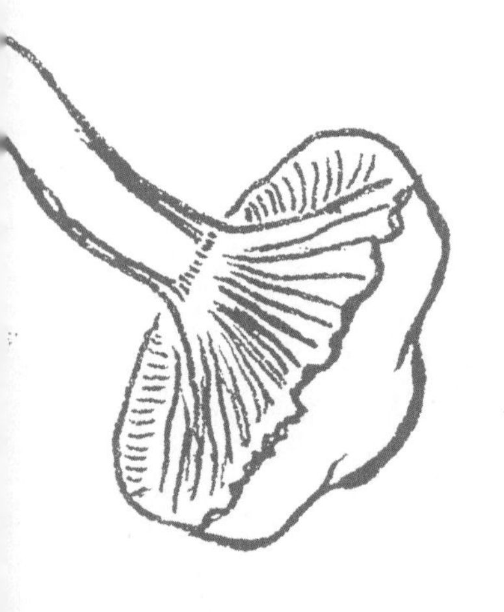

可持续发展
Sustqinable

造福子孙后代

Seven Generations

某个美国的原住民群体间有一种名为“七世代”的教谕。
“无论任何事情，都要考虑到自己重重重重重孙的孩子们的境遇后再开始进行。”

我们从我们祖先那里继承了此刻的地球，得以繁衍生息。
地球也是我们从未来的孩子们那里“借来的”。
借来的东西，归还的时候一定要让它变得更好。

我们现在播撒种子，等待种子日后成长为参天大树。
我们现在收获果实，留下种子日后收获更多硕果。
我们的决定不仅只为自己的利益，也是为现在和未来全部的生灵考虑。
未来的世界一定更加美好富饶。

Remembering Tradition

传统是联结祖先与我们的纽带。

传统是祖先的生活智慧和创造发明，
一直传承至今，
在当今社会继续发挥作用。

利用大豆和梅子，
我们能够制作豆酱和梅干。
根据气候特点建造适合我们生活的家。
还有从古至今流传的传统节日活动。
依据月相的变化周期和太阳回归年的
长度制定的农历，让我们能按照节气
进行播种和收获。

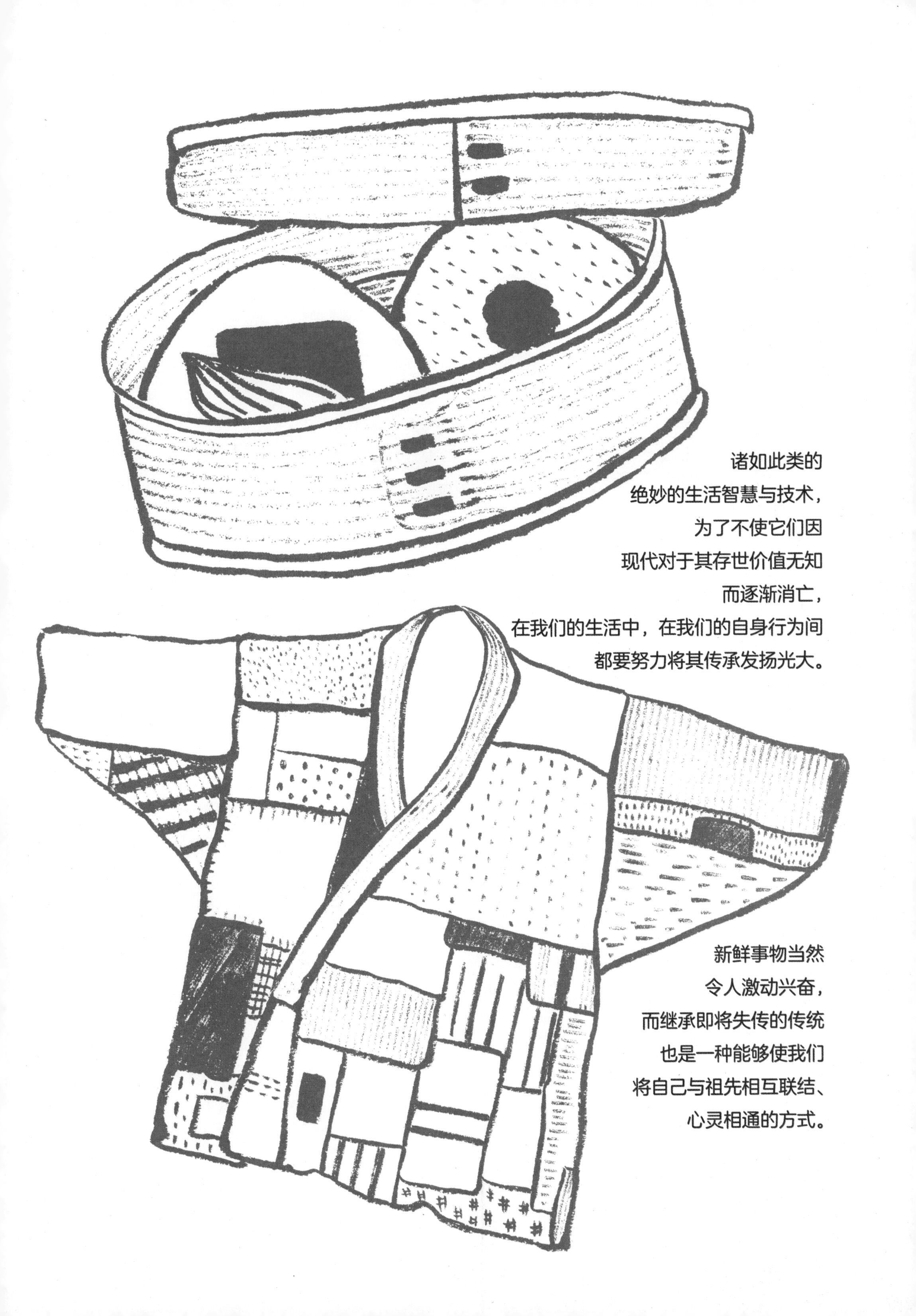

诸如此类的
绝妙的生活智慧与技术，
为了不使它们因
现代对于其存世价值无知
而逐渐消亡，
在我们的生活中，在我们的自身行为间
都要努力将其传承发扬光大。

新鲜事物当然
令人激动兴奋，
而继承即将失传的传统
也是一种能够使我们
将自己与祖先相互联结、
心灵相通的方式。

可持续发展的生活方式

在没有电的时代，人们日出而作，日落而息，生活节律与太阳相同，比现在的生活更加规律呢。那时人们更珍惜事物，让它们最终都回归泥土化作肥料。在村庄中，大家都互帮互助地生活着。让我们学习朴门永续生活设计案例，了解可持续发展的生活方式吧！

丢弃的东西，食 一个都没有。

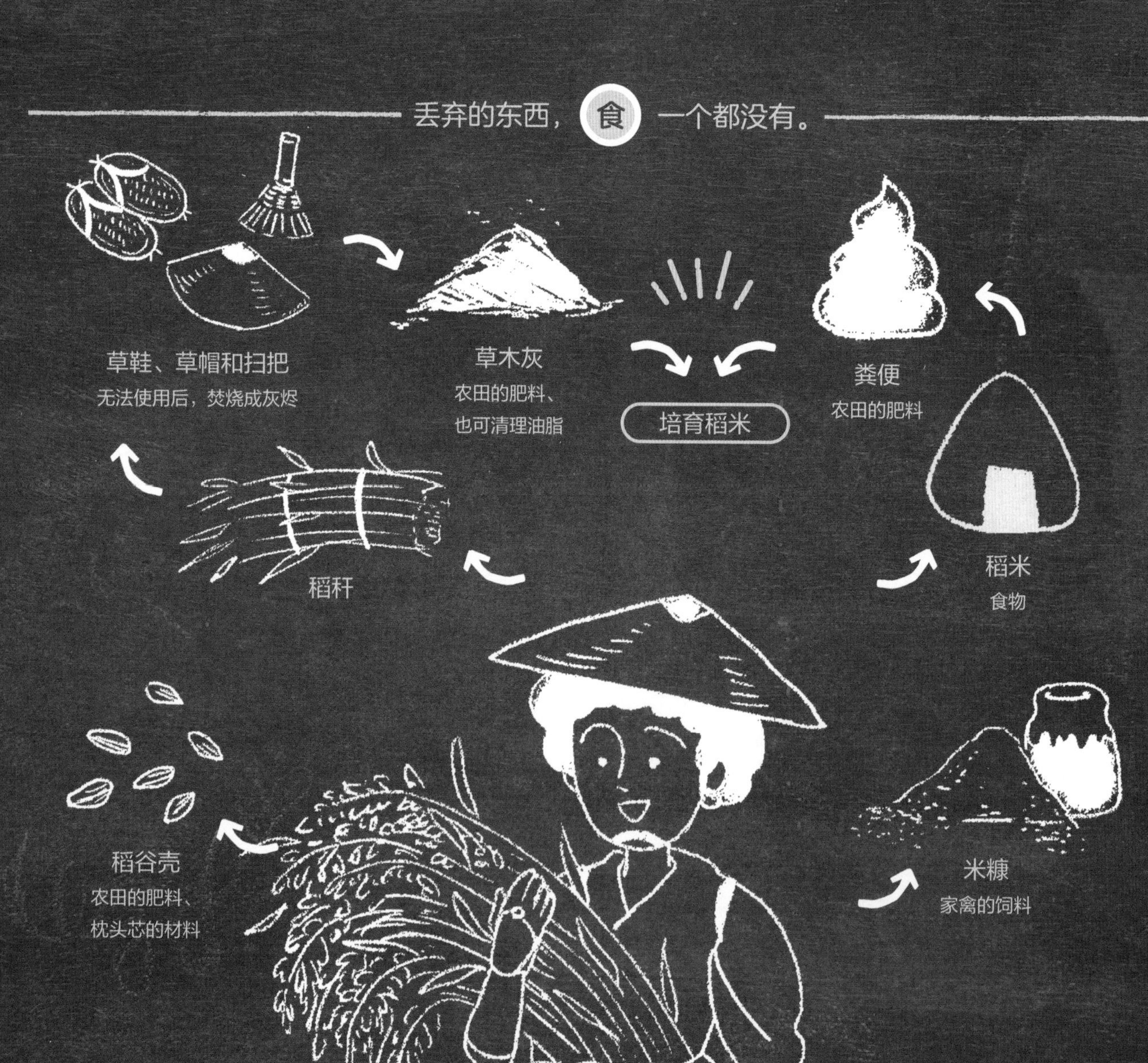

由植物来，衣 到植物去。

棉花 → 棉线 → 布 → 衣服 → 抹布 → 灰烬 → 肥料

相互扶助，住 乐享生活。

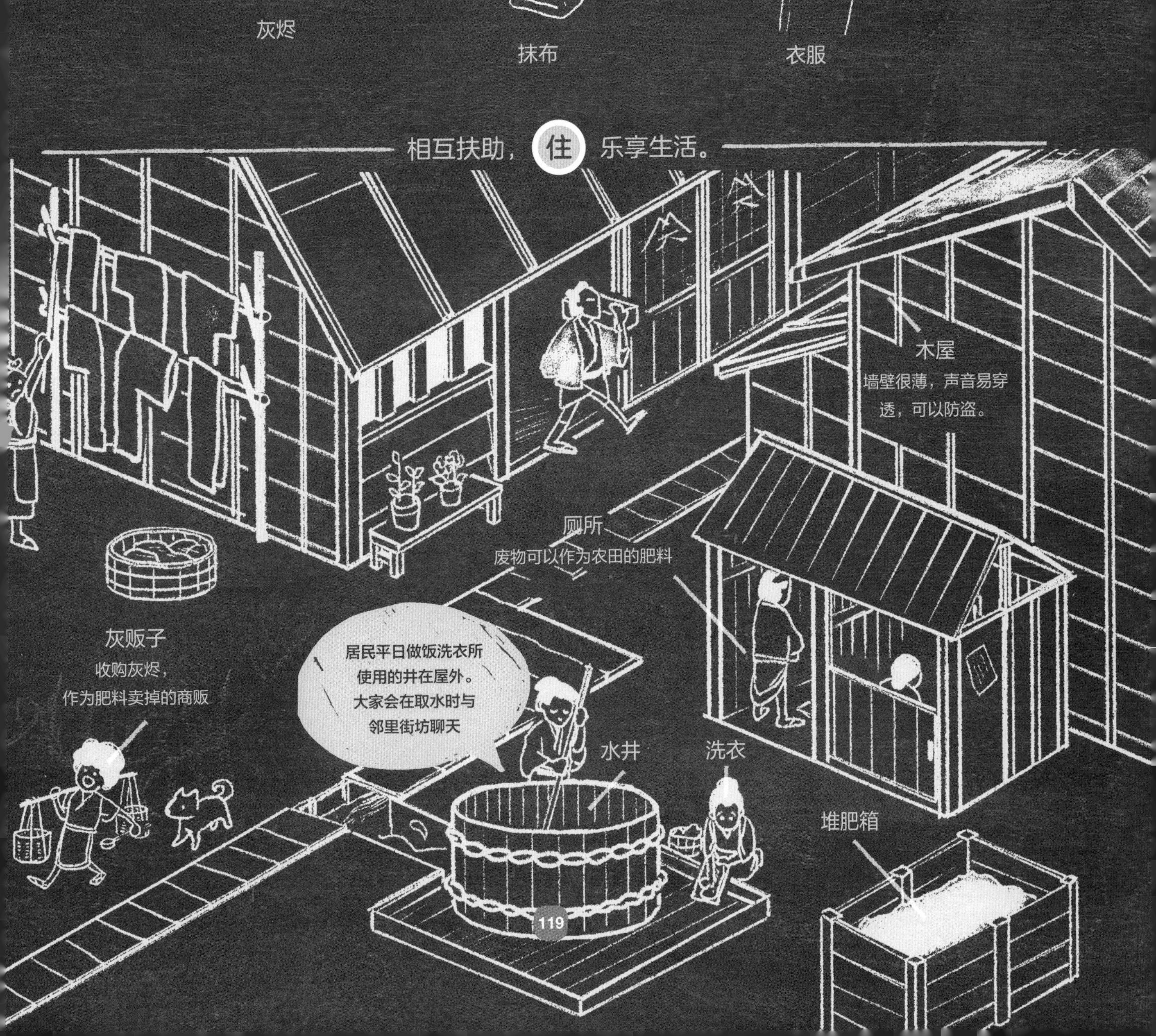

零浪费生活

zero waste

自然界中没有垃圾。
垃圾是人类的发明，能够令垃圾越积越多的也只有人类。

一边喊着“浪费太严重了！”但垃圾仍然在持续增加，
如塑料制品、电子产品和放射性物质。
一边说着“环境很重要的！”但仍把处理环境污染问题
交给未来的孩子们。
怎样才能够像其他生物那样生存而不产生垃圾呢？

农耕时代的人们，
过着不制造垃圾的日常生活。
怎样做才能创造一个没有垃圾的时代呢？

任务单

零浪费挑战!

测算生活垃圾数量

让我们玩个游戏吧！1周之内可以最少产生多少生活垃圾且维持正常生活呢？
我们可以减少使用可能成为废弃物的物品，或将损坏的物品改造为更棒的物品。

必需品

拒绝浪费　　想象力

试验大家提出的
办法，然后选出
最佳方案！

提示　尝试将自己一天产生的垃圾放进书包中。

挑战“零浪费生活”家庭的真实故事

在美国纽约，有一个家庭尝试了“零浪费”“不使用机动车”“不看电视”“不使用电力”“不购买新物品”的生活。他们完成了这些有难度的挑战并保持了一年。

一周“拒绝垃圾”游戏

1 远离塑料袋	2 寻找回收者

重复利用
将自己不需要的物品送给需要的朋友、邻居。

减少使用
尽可能减少会成为废弃物的物品的使用数量。

3 变废为宝	4 回归自然

循环升级
将不能用的物品作为材料再次改造，加工成新的产品。

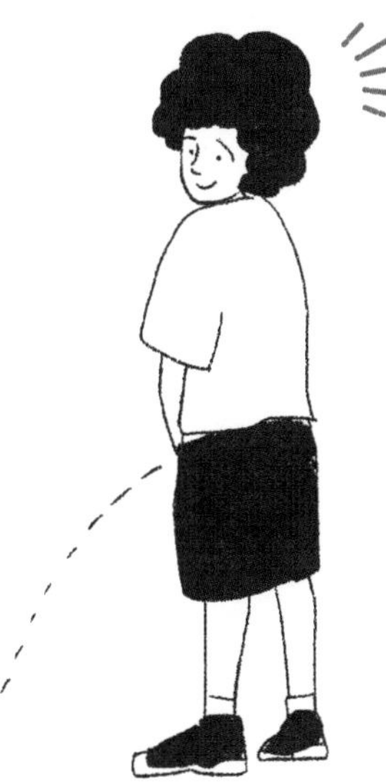

回归自然是什么？
请至 P18~19
“生命的变化”

未来能源
Future of Energy

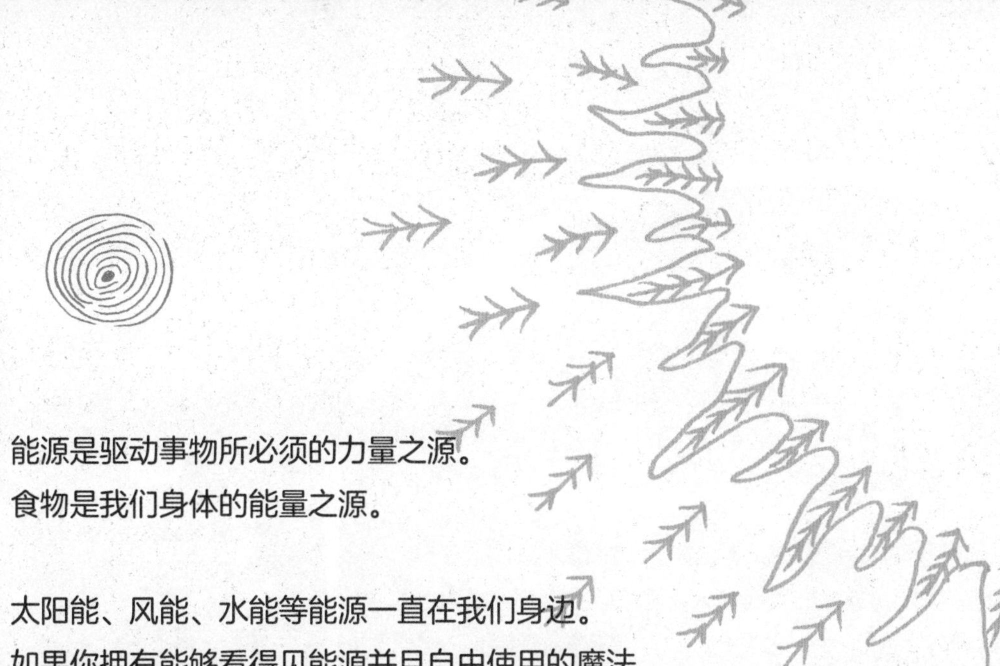

能源是驱动事物所必须的力量之源。
食物是我们身体的能量之源。

太阳能、风能、水能等能源一直在我们身边。
如果你拥有能够看得见能源并且自由使用的魔法，
那么你可以在任何地方生活下去。
其实使用能源的魔法就在你的头脑和手中。

你也可以成为能量之源。
你的话语和你的行动都会变成能量感染身边的人们。
让我们共同创造许许多多这样的时刻吧。
难以预料的欢乐，定会就此展开。

寻找自然能源

能源是驱动事物的力量之源。我们身边遍布着自然给予我们的能源。理解能源的来源，就像握住地球的电源插头一样，可以自由地使用它们。

语言 特别

你的语言能使大家快乐，拥有改变世界的力量哦。

太阳 光 热

太阳是地球的生命之源。太阳的光与热，能够产生风和雨，使白天明亮、大气循环，孕育植物，温暖生命。

瀑布 势 动

水力发电，利用水由高处流向低处产生的动能使机器运转起来，从而发电。

情绪高昂 特别

这是一种任何人都拥有而且可以传递到任何地方的能量。无论怎样的挑战，需要令你激动兴奋才能开始！

热能	使物质温暖的能源。	光能	使四周明亮的能源。
动能	使物质位置移动的能源。	势能	物体由于重力从高处落下时具有的能量。

月亮 光
月亮盈缺是因为月亮反射的太阳光发生变化。海洋潮汐是因为月球引力变化产生的现象。这种现象对各种生命的生物节律都产生了影响。
风 动
风是空气的流动。阳光温暖时空气上升，降温时空气下降，这种流动就是我们所感受的风。
雨 势 动
雨水降落在森林中，缓缓渗入土地，经过漫长的时间，变为富含营养的水源，积蓄在地下深处。
波浪 动
风作用于海洋产生波浪。现在正在研发利用波浪进行发电的技术。
海水温差 热
深海的海水约1200年循环一次。现在正在研发利用海水温差进行发电的技术。

贴近自然

Be Nature

可能我们已经遗忘，人类与自然不是独立存在的。
我们是自然的一部分。
所以破坏自然的行为就是残害自己的身体。
人与自然是生命共同体。

我们也是生活在自然之中的生命。
我们要尊重自然、顺应自然、保护自然，
构建和谐共生绿色永续家园，
世界将会变得更加美好。
在地球这样的一个共享空间内与多种多样的生物
更加和谐融洽地生活下去。

为此，我们可以贡献什么力量呢？

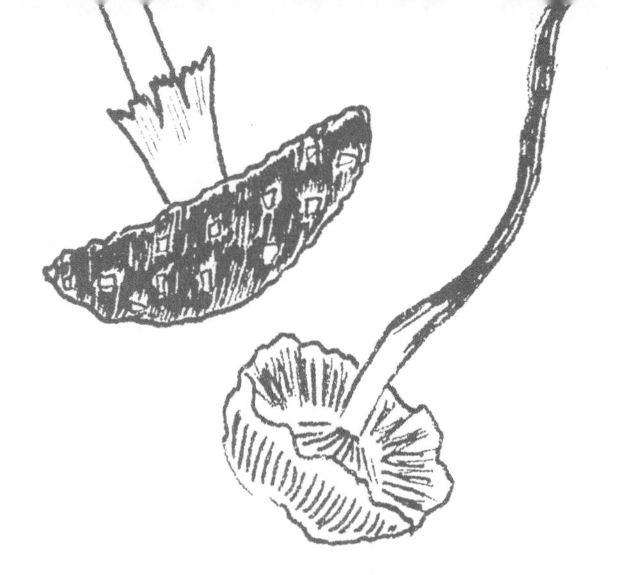

你的生存之道是什么？

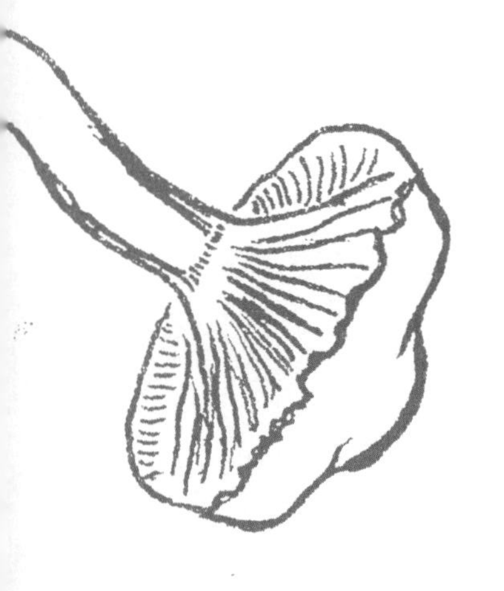

生存
live

超越时代

The Next Generation

能够超越现代人类极限的是新时代的你们。
但你们并不需要按照现在大人们的方式继续生活。
希望你们能够勇于挑战，
利用别的方式解决现在大人们没有解决的问题。

打个比方，大人们为“忙碌”所困扰，
你们可以探寻不必忙碌的生活方式。
大人们为“没钱”所困扰，
你们可以探寻不用花钱的生活方式。
大人们现在无法做到的事情，
你们可以探寻实现的方法。

所以，即使大人们对你说“不可能”，
也不要放弃，自己亲身实践才能知道结果。
说不定是那个人自己无法做到呢。
努力成为一个把“不可能”变为“可能”的人吧！

朴门永续设计
The Permaculture Path

生存之道并不唯一。
重要的在于在这条路上
你能不能健康欢乐地走下去。
所以，我想每个人都会思考自己选择的道路是否是对的。
在中途改变方向，或者选择旁边的路也无妨。

朴门永续设计是一种生存之道。
现在邀请你体验它的奇妙。

朴门永续生活中的内核在于
认知我们是自然的一分子并且贡献自己的力量；
走向内心丰裕的人生之路，
让下一代也与这个世界联系起来。
现在我们食用前人栽种的树木所结的果实，
然后种下下一代也可以食用其果实的树木种子，
即使我们这代无法享受也没关系。
在这条无尽的可持续之路上，
我们使树木果实和美丽的花朵能够存续于世的做法，
难道不是我们向地球致敬、
向未来承诺的证明吗？

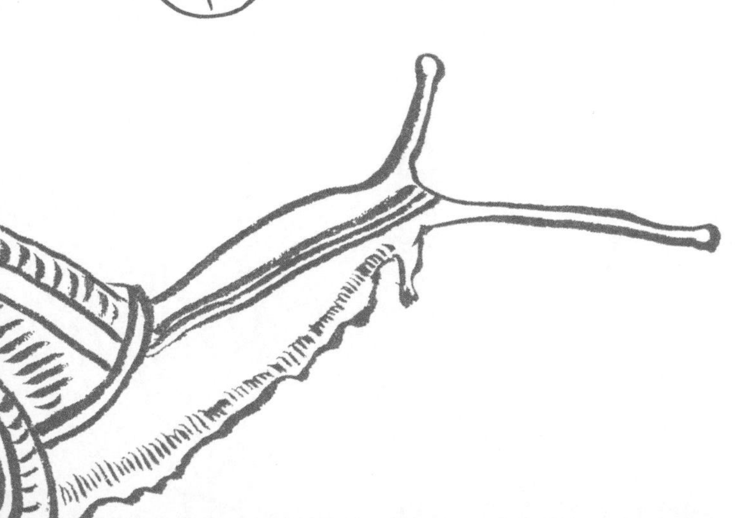

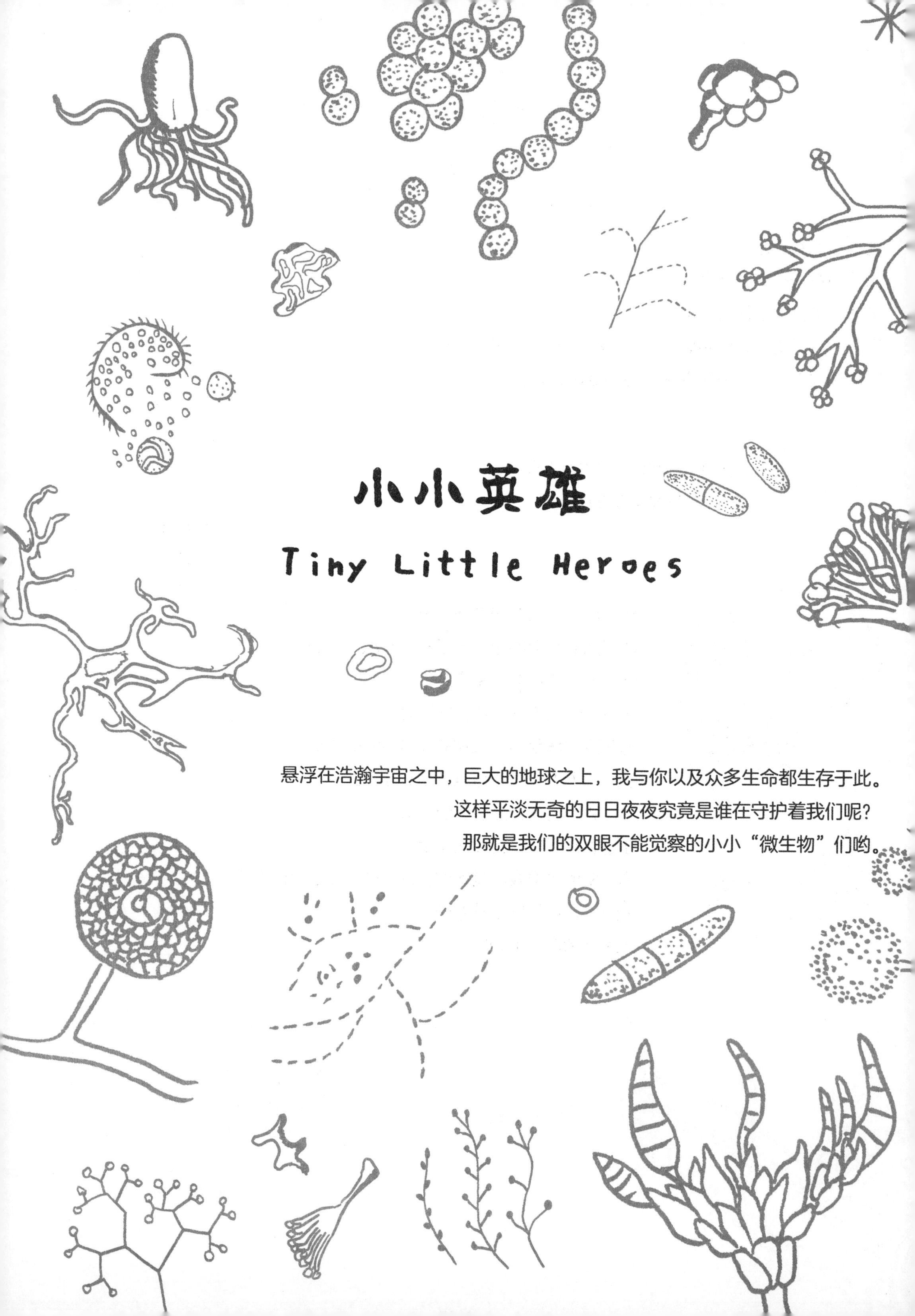

小小英雄

Tiny Little Heroes

悬浮在浩瀚宇宙之中，巨大的地球之上，我与你以及众多生命都生存于此。
这样平淡无奇的日日夜夜究竟是谁在守护着我们呢？
那就是我们的双眼不能觉察的小小“微生物”们哟。

它富集营养，培育茂盛的森林和农田。
它净化水源，清除地球上的废物。
它帮助消化，使我们的身体强健。
味噌和酱油，令我们的食物变得更加美味。
它也可以让逝去的生命与新生的生命联结起来。
地球转动、我们呼吸。
微生物在我们看不到的地方，
制造能源，孕育生命，守护地球。

我们如果能像微生物们一般，虽然势单力薄，
但各自发挥优势、全力以赴，
地球有一天一定会发生巨大的变化。

我们的祖先，也是我们的小小英雄们，
今日也一如既往地，默默守护着我们。

后记

读完本书有什么感想？
有没有跃跃欲试的冲动呢？

在本书内努力挤下更多
关于地球所给予我们的一切的内容。
但是事实上还有很多，
只靠这本书，完全不够！
所以如果你希望你能够沿着
本书的内容继续不断地收集更多守
护地球的秘诀，

我非常愿意了解由你们创造的环保
和谐的世界。

然后，我希望我们能够共同创造。

最后，
我有一个愿望：你一定要实践一下
本书中让你跃跃欲试的任务。
现代成年人，
其实是希望可以更自由地享受每一天的。
但或许时间不足，
或是其他的理由……
希望你不要放弃，
开心地接受我的邀请，
你一定会发现一个有趣的新天地。

希望正是源于你自己，
感恩有你。

Moved by love 为爱发光

图书在版编目（CIP）数据

环保实践家：守护大家的地球 /（日）索亚海编；（日）川村若菜绘；（日）福冈梓文；傅梦翔译. — 北京：中国轻工业出版社，2022.12

ISBN 978-7-5184-4168-6

Ⅰ. ①环… Ⅱ. ①索… ②川… ③福… ④傅… Ⅲ. ①环境保护—儿童读物 Ⅳ. ①X-49

中国版本图书馆CIP数据核字（2022）第197608号

责任编辑：王　韧　李　蕊　　责任终审：劳国强　　整体设计：锋尚设计

策划编辑：江　娟　　责任校对：宋绿叶　　责任监印：张　可

出版发行：中国轻工业出版社（北京东长安街6号，邮编：100740）

印　　刷：艺堂印刷（天津）有限公司

经　　销：各地新华书店

版　　次：2022年12月第1版第1次印刷

开　　本：889×1194　1/16　印张：8.75

字　　数：140千字

书　　号：ISBN 978-7-5184-4168-6　定价：68.00元

邮购电话：010-65241695

发行电话：010-85119835　传真：85113293

网　　址：http://www.chlip.com.cn

Email：club@chlip.com.cn

如发现图书残缺请与我社邮购联系调换

200669E1X101ZYW